摄影后期
核心技法

陈红 编著

人民邮电出版社
北 京

图书在版编目（CIP）数据

摄影后期核心技法 / 陈红编著. -- 北京：人民邮
电出版社，2024. -- ISBN 978-7-115-65353-6

Ⅰ. TP391.413

中国国家版本馆 CIP 数据核字第 2024P44G38 号

内 容 提 要

数码摄影后期技术对于照片品质的提升是至关重要的。本书从摄影后期的入门基础知识开始介绍，进而讲解Photoshop软件的基本操作、照片影调审美与控制基础、影调控制的核心理论、画面全局影调优化、照片局部影调优化、色彩的基础知识、色彩的相互关系及应用、色彩模式的概念与应用、摄影后期调色的核心理论、调色技术的原理与应用、Photoshop AI修片技巧、照片锐化与降噪技巧、二次构图技巧等内容。

本书内容由浅入深，按一页一个知识点的方式编排，让读者的学习变得更轻松、更有节奏感。本书适合广大摄影后期爱好者参考阅读，可以帮助他们顺利展开精彩万分的摄影后期创作之旅，对于想要精进自身修片技法的专业修图师，本书也有一定的参考价值。

◆ 编　著　陈　红
　　责任编辑　胡　岩
　　责任印制　周昇亮

◆ 人民邮电出版社出版发行　　北京市丰台区成寿寺路 11 号
　　邮编　100164　　电子邮件　315@ptpress.com.cn
　　网址　https://www.ptpress.com.cn
　　北京九天鸿程印刷有限责任公司印刷

◆ 开本：880×1230　1/32
　　印张：7.5　　　　　　　　　2024 年 12 月第 1 版
　　字数：231 千字　　　　　　 2024 年 12 月北京第 1 次印刷

定价：59.80 元

读者服务热线：**(010)81055296**　印装质量热线：**(010)81055316**
反盗版热线：**(010)81055315**
广告经营许可证：京东市监广登字 20170147 号

前言

　　精通摄影后期技术的难点和重点在于：其一，对 Camera Raw（ACR）、Photoshop 等后期软件的学习和掌握；其二，需要具有一定的审美和创意能力。

　　大部分初学者遇到的困难，主要是在后期软件的学习上。要想真正掌握摄影后期技术，不能太专注于后期软件的操作，而是应该先掌握一定的后期理论知识。举一个简单的例子，要学习后期调色，如果首先掌握了基本的色彩知识及混色原理，那么后面的学习就很简单，只需要几分钟就能够掌握调色的操作技巧并牢牢记住，再也不会忘记。

　　这说明，学习摄影后期，不但要知其然，还要知其所以然，才能真正实现摄影后期的入门和提高。

　　为了让读者真正掌握摄影后期的全方位知识，本书注重前期拍摄与后期处理的原理讲解，并结合实际案例进行练习，能够帮助读者快速、熟练掌握摄影后期的全方位知识与技能。

　　读者在学习本书的过程中如果遇到疑难问题，可以与作者（微信号381153438）联系，作者会邀您加入本书的读者群，与其他读者一起学习和交流。读者还可以关注微信公众号"千知摄影"（查找 shenduxingshe，然后关注即可），了解并学习一些有关摄影基础、摄影美学、数码后期和行摄采风的精彩内容。

目录

第 1 章　摄影后期入门基础知识 015

色彩校准：硬件与软件校准 016

Photoshop 启动界面的设置技巧 017

单独打开一张照片 018

认识色域的概念 019

认识色彩的位深度 020

输入与显示（输出）色域 021

修图时的色域设定 022

输出照片时的色域设定 023

色彩模式与位深度设定 024

照片尺寸的设定技巧 025

照片画质的设定 026

照片的元数据管理 027

数字文件的压缩与封装 028

数码摄影后期思维方式 029

树立正确的数码照片后期处理观念 030

后期处理的尺度把握 031

第 2 章　熟练操作 Photoshop 软件 033

Photoshop 主界面的功能布局 034

为 Photoshop 配置数码后期界面 035

Photoshop 工具栏的设定技巧 036

Photoshop 面板的设定与操作 037

扩展面板与面板的停靠 038

Photoshop 中缩放照片的 3 种方式 039

抓手工具与其他工具的切换 040

放大与缩小画笔（鼠标光标）的直径 041

前景色与背景色的设置 042

快速设置笔触的大小 043

第 3 章　照片影调审美与控制基础 045

通透，细节完整 046

层次丰富 047

影调过渡平滑 048

影调干净、不乱 049

记住一个关键数字——256 050

直方图的构成原理 051

对纯白与纯黑的控制 052

改变直方图的显示方式 053

直方图的高速缓存有什么意义 054

详细解读直方图的参数 055

256 级全影调照片 056

常见影调：曝光不足 057

常见影调：曝光过度 058

常见影调：反差过大 059

常见影调：反差过小 060

常见影调：曝光合理 061

特殊影调：高调 062

特殊影调：高反差 063

特殊影调：低调 064

特殊影调：灰调 065

影调的长短分类 066

影调的高低分类 067

第 4 章　影调控制的核心：三大面的塑造 069

线条与立体感 070

线条、影调与立体感 071

现实中的影调面 072

一般有光场景的影调重塑 073

散射光场景的影调重塑 074

霞光场景的影调重塑 075

乱光（光线杂乱）场景的影调重塑 076

散射光场景怎么修 077

第 5 章　画面全局影调优化实战 079

设置对比视图 080

结合直方图分析照片问题 081

曝光值，确定照片整体的明暗 082

高光与阴影，控制画面亮部与暗部的层次 083

白色与黑色，确定亮部与暗部的边界 084

对比度，控制画面的层次与通透度 085

整体协调画面影调 086

优化画面质感 087

修掉顽固的暗角 088

初步确定整体色调 089

第 6 章　照片局部影调的优化 091

认识 ACR 的蒙版功能 092

借助 ACR 的蒙版画笔压暗局部 093

添加新蒙版画笔压暗局部 094

借助径向渐变制作光照效果 095

借助线性渐变调整局部 096

协调画面并修复瑕疵 097

认识蒙版与调整图层 098

借助选区和蒙版调整局部明暗 099

调整图层：摄影修片的主要手段 100

用黑蒙版进行局部调整 101

设置前景色，用画笔调明暗 102

创建调整图层，提亮局部 103

在 Photoshop 中对比调整前后的效果 104

认识减淡工具与加深工具 105

利用减淡工具提亮局部 106

利用加深工具修复局部乱光（1）............. 107

利用加深工具修复局部乱光（2）............. 108

利用曲线强化照片通透度 109

第 7 章　色彩的由来与色彩三要素 111

色彩产生的源头 112

色彩的识别 113

伪色是如何产生的 114

什么是有彩色 115

什么是无彩色 116

色相的概念与用途 117

纯度的概念与用途 118

明度的概念与用途 119

高饱和度的画面情绪与质感 120

低饱和度的画面情绪与质感 121

明度的运用与画面影调的变化 122

红外摄影：低通滤镜与红外滤镜 123

不同波长红外滤镜的实拍色彩 124

天文改机拍星空 125

第 8 章　色彩的相互关系及应用 127

色环的构建与分析 128

同类色：干净、协调的配色 129

类似色：稳定、协调的配色 130

相邻色：和谐、自然的配色 131

中差色：富有张力的配色 132

对比色：具有强烈反差的配色 133

互补色：对比最强烈的配色 134

暖色调：温暖或热烈的氛围 135

冷色调：宁静或清冷的氛围 ………………………… 136

冷暖对比色调的重点 …………………………………… 137

第 9 章　四大常用色彩模式的概念及应用 …………… 139

查看四大色彩模式 …………………………………… 140

HSB 色彩模式 ………………………………………… 141

设置前景色与背景色 ………………………………… 142

RGB 色彩模式 ………………………………………… 143

Lab 色彩模式 ………………………………………… 144

Lab 色彩模式下的通道 ……………………………… 145

CMYK 色彩模式 ……………………………………… 146

印刷中的单色黑与四色黑 …………………………… 147

RGB 转 CMYK 后的调整 …………………………… 148

RGB 与 CMYK，加色与减色 ………………………… 149

减色的调色效果 ……………………………………… 150

加色与减色的综合运用 ……………………………… 151

第 10 章　决定成败的色彩美学 …………………… 153

色不过三与主色调 …………………………………… 154

单色配色与无彩色 …………………………………… 155

双色配色的画面控制 ………………………………… 156

三色配色的画面控制 ………………………………… 157

光源色作为主色调 …………………………………… 158

环境色作为主色调 …………………………………… 159

固有色作为主色调 …………………………………… 160

光色混合问题的处理 161

高光色调要暖 162

暗部色调要冷 163

第 11 章　调色技术的实际应用 165

三原色的分解及叠加 166

为什么互补色相加得白色 167

互补色在数码后期调色中的应用逻辑 168

色彩平衡的原理及使用方法 169

曲线调色：综合性能强大的工具 170

可选颜色：相对与绝对的含义 171

可选颜色的原理及使用方法 172

互补色在 ACR 中的应用 173

通道混合器的原理及使用方法 174

利用三原色认识通道混合器工具 175

照片滤镜的原理及使用方法 176

认识 3D LUT 177

如何使用第三方的 3D LUT 效果 178

白平衡与色温：白色的作用 179

预设白平衡功能的原理 180

自定（手动预设）白平衡 181

后期软件中的白平衡调整 182

饱和度，控制照片色彩浓郁度 183

自然饱和度，控制照片色彩鲜艳度 184

色相 / 饱和度的基本用法 185

色相 / 饱和度的高级用法 ……………………………… 186

匹配颜色的原理及使用方法 …………………………… 187

什么照片适合转黑白 …………………………………… 188

正确制作黑白效果 ……………………………………… 189

第 12 章　Photoshop AI 后期修片 ……………………191

AI 一键为天空建立选区 ………………………………… 192

AI 一键更换天空 ………………………………………… 193

AI 一键为人物抠图 ……………………………………… 194

"发现"，你不知道的 AI 面板 ………………………… 195

皮肤平滑度，用 AI 对人物磨皮 ……………………… 196

智能肖像，用 AI 改变人物表情 ……………………… 197

妆容迁移，用 AI 为人物化妆 ………………………… 198

风景混合器，用 AI 改变照片季节 …………………… 199

样式转换，用 AI 制作创意效果 ……………………… 200

色彩转移，用 AI 制作仿色效果 ……………………… 201

着色，老照片 AI 上色 ………………………………… 202

超级缩放，完美的 AI 插值放大 ……………………… 203

深度模糊，全面控制画面的虚实效果 ………………… 204

移除 JPEG 伪影，让照片画质更完美 ………………… 205

照片恢复，修复老照片 ………………………………… 206

减少杂色，强大的 AI 降噪功能 ……………………… 207

AI 虚化背景，突出主体人物 ………………………… 208

AI 光斑，模拟不同镜头的散景效果 ………………… 209

AI 焦距范围，调整照片模糊的位置 ………………… 210

AI 失败的原因及解决方案 ……………………… 211

ACR 的 AI 人像精修技巧（1） ……………… 212

ACR 的 AI 人像精修技巧（2） ……………… 213

第 13 章　照片锐化与降噪的技巧 ……………215

认识 USM 锐化功能 …………………………… 216

半径的原理和用途 ……………………………… 217

阈值的原理和用途 ……………………………… 218

智能锐化功能的使用方法 ……………………… 219

利用 Dfine 滤镜实现高级降噪 ………………… 220

Lab 色彩模式下的明度锐化 …………………… 221

高反差锐化，非常流行的锐化技巧 …………… 222

局部锐化与降噪的技巧 ………………………… 223

第 14 章　二次构图：场景切割、修复与重塑 ………225

不同比例的设计与裁剪 ………………………… 226

学会设定参考线，让构图更精准 ……………… 227

校正水平，让照片变协调 ……………………… 228

裁掉多余的留白区域，突出主体 ……………… 229

横竖的变化，改变照片风格 …………………… 230

画中画式的二次构图 …………………………… 231

裁掉干扰，让画面构图更协调 ………………… 232

修掉画面中的杂物，让画面更干净 …………… 233

封闭变开放构图，增强冲击力 ………………… 234

用修复工具改变主体位置 ……………………… 235

构图不紧凑问题的处理 ……………………………………… 236

扩充构图范围，让构图更合理 ……………………………… 237

通过变形完美处理机械暗角 ………………………………… 238

用变形工具重新构图 ………………………………………… 239

变形或液化调整局部元素，强化主体 …………………… 240

第1章
摄影后期入门基础知识

本章将介绍摄影后期处理的基础入门知识，包括硬件设备的校准、软件启动界面设置、照片尺寸的设定技巧、照片的元数据管理，以及摄影后期的思维方式和尺度把握等。

色彩校准：硬件与软件校准

　　要对照片进行后期处理，建议大家提前对自己的显示器进行校准，这样才能知道后续所修的照片是否合理。

　　显示器校准具体包括硬件校准和软件校准两种方式。无论硬件校准还是软件校准，都需要使用专用的校色仪，比如当前摄影爱好者和职业摄影师最常用的红蜘蛛校色仪等。两者的区别在于校准的目标及校准文件的保存位置：硬件校准主要校正显示器，校准后得到的校准配置文件（ICC Profile）会被存储到显示器内部，即便更换了主机，也不会影响对显示器的校色；软件校准主要校正显卡输出，校准文件会被存储到主机内，如果更换主机，那么就需要重新校准了。

　　另外，软件校准是通过调整显卡输出信号到显示器上显示正确的画面。如果显示器蓝色缺失，显卡可以通过加深蓝色的方式让显示画面尽可能准确。软件校准的缺点在于除去对特定色彩的校准，其他的过渡色彩都是靠显卡模拟得出的，由此造成的结果是过渡色彩的缺失和失真。

　　硬件色彩校准是通过校准显示器中的 3D LUT 表等校准模型直接校准显示器，从根本上解决显示器的显示问题。

Photoshop启动界面的设置技巧

　　安装好 Photoshop 软件后，如果第一次使用 Photoshop，那么打开的这个主界面就是空的；如果之前已经使用过 Photoshop，那么主界面中会显示最近使用项，即打开照片的缩略图。在进行照片处理时，如果还要打开之前使用的照片，那么直接在主界面中单击这些缩略图，即可再次打开照片。

　　打开照片之后，还可以设定关掉照片之后是否回到主界面，具体操作是在"首选项"对话框的"常规"选项卡中勾选"自动显示主屏幕"复选框，这样后续如果关闭照片显示界面，软件会自动回到主界面。

单独打开一张照片

如果要在 Photoshop 中打开照片，可以在 Photoshop 主界面左上角单击"打开"按钮，在弹出的"打开"对话框中选中要使用的照片，然后单击对话框右下角的"打开"按钮即可。当然，也可以在文件夹中选择要打开的照片，将其拖入 Photoshop 主界面左侧的空白处，将照片在 Photoshop 中打开。

认识色域的概念

　　色域（Color Gamut）是指一台设备或者系统能够显示或者捕捉到的颜色的范围。不同的设备、不同的色彩空间都有不同的色域。

　　提示：在数码摄影领域，通常情况下很多人会将色域直接称呼为色彩空间，这是不准确的。

　　色域坐标系中包括所有可见颜色的范围。常见的色域包括 ProPhoto RGB、sRGB、Adobe RGB 等。sRGB 是一种较为常见的色域，被广泛应用于计算机显示器、数码相机等设备上。"Horseshoe Shape of Visible Color"色域译为马蹄形色彩空间，表示的是接近于无数色彩的理想化色彩空间。Adobe RGB 色域也较大，能够显示更鲜艳的色彩，主要用于专业图像处理和印刷领域。当然，还有一些色域没有在这个坐标系中标出来，比如主要用于电影和影院放映的 DCI-P3 色域等。

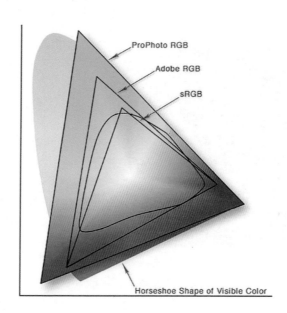

认识色彩的位深度

色彩的位深度是指每个像素的颜色信息所占用的位数。位深度越高，每个像素可以表示的颜色种类就越多。

在进一步了解色彩的位深度之前，先来讨论一下什么是"位（Bit）"。大家都知道，计算机是以二进制的方式处理和存储信息的，因此任何信息进入计算机后都会变成 1 和 0 不同位数的组合，色彩也是如此。

常见的位深度有以下几种：1 位深度只有白和黑两种差别，呈现 2 种明暗信息；8 位深度有 2 的 8 次方，共 256 种差别，呈现 256 种明暗信息；16 位深度有 2 的 16 次方，共 65536 种差别，呈现 65536 种明暗信息。

从下面的图中可知，位深度越高，所能呈现的色彩信息越丰富，画面也会越细腻。后续在处理照片时，也会涉及位深度设置的相关知识。

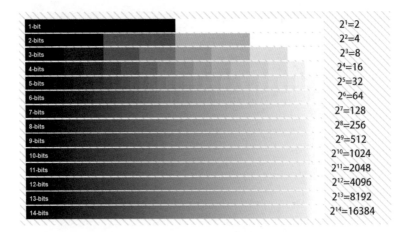

1-bit	$2^1 = 2$
2-bits	$2^2 = 4$
3-bits	$2^3 = 8$
4-bits	$2^4 = 16$
5-bits	$2^5 = 32$
6-bits	$2^6 = 64$
7-bits	$2^7 = 128$
8-bits	$2^8 = 256$
9-bits	$2^9 = 512$
10-bits	$2^{10} = 1024$
11-bits	$2^{11} = 2048$
12-bits	$2^{12} = 4096$
13-bits	$2^{13} = 8192$
14-bits	$2^{14} = 16384$

输入与显示（输出）色域

　　色域的输入和显示是指在数码照片后期处理中，照片的原始输入色域和最终显示的色域之间的转换过程。

　　输入色域是指照片的原始色彩信息所处的色域。例如，如果从数码相机中获取照片，它的原始输入色域可能是相机所支持的色域，如 sRGB 或 Adobe RGB。

　　显示色域是指最终显示照片的设备所支持的色域范围。例如，计算机显示器、打印机或投影仪都有自己的色域。

　　在数码照片后期处理中，通常需要将输入色域转换为显示色域，以确保照片在不同设备上显示的颜色一致。

修图时的色域设定

对照片进行处理时，色域、位深度等几个选项是非常重要的，需要提前进行设定。

设置色域时，在 Photoshop 主界面中打开"编辑"菜单，选择"颜色设置"命令，弹出"颜色设置"对话框，在其中将"工作空间"设定为 Adobe RGB 色域，然后单击"确定"按钮，这样就将软件设定为了 Adobe RGB 色域。这表示将软件这个处理照片的平台设定为了一个比较大的色彩空间。当然此处也可以设定为 ProPhoto RGB，它会有更大的色域，但是 ProPhoto RGB 虽然有更大的色域，但是它的兼容性和普及性稍差，可能有些初学者不是特别理解，后续可以查询相关的资料进行学习。

输出照片时的色域设定

打开 Photoshop 中的"编辑"菜单，选择"转换为配置文件"命令，弹出"转换为配置文件"对话框，在其中将"目标空间"设定为 sRGB，然后单击"确定"按钮。这表示处理完照片之后，将输出的照片配置为 sRGB，sRGB 的色域相对小一些，但是它的兼容性非常好，配置为这种色域之后，就可以确保照片在计算机、手机及其他显示设备中保持一致的色彩，而不会出现在 Photoshop 软件中是一种色彩，在看图软件中是一种色彩，在手机中是一种色彩，而在计算机中又是另外一种色彩这样比较混乱的情况。

色彩模式与位深度设定

对于色彩模式和位深度的设定，主要是在"图像"菜单中进行操作。具体操作时，打开"图像"菜单，选择"模式"命令，在打开的子菜单中确保选择了"RGB 颜色"和"8 位通道"命令。"RGB 颜色"是指人们日常浏览及照片处理时所使用的一种最重要的模式，"CMYK 颜色"模式主要用于印刷，"Lab 颜色"是一种比较老的用于在数码设备显示与印刷之间衔接的一种色彩模式。通常情况下，设定为"RGB 颜色"这种模式即可。

位深度一般设定为"8 位通道"，通常情况下，位深度越大越好，但是它与色彩空间相似，比较大的位深度对于软件的兼容性不是太理想，Photoshop 中的绝大多数功能对 8 位通道的支持性更好，如果设定为 16 位或 32 位，那么很多功能是不支持的。

照片尺寸的设定技巧

照片处理完毕之后，如果要缩小照片尺寸，用于在网络上分享，可以打开 Photoshop 中的"图像"菜单，选择"图像大小"命令，弹出"图像大小"对话框，在其中可以缩小照片的尺寸。

默认状态下，照片的长宽比处于锁定状态，比如此处设定照片的高度为 2000，那么照片的宽度就会自动根据原始照片的长宽比进行设定。

如果要改变软件的长宽比，可以取消按下照片尺寸左侧的链接按钮，可以看到链接图标上方和下方的连接线消失，表示图片的长宽比不再锁定，此时就可以根据自己的需求来改变照片的宽度和高度。比如，此处将照片的高度修改为 1000，但是宽度并没有随之变化，这是因为解除了照片长宽比的锁定状态。

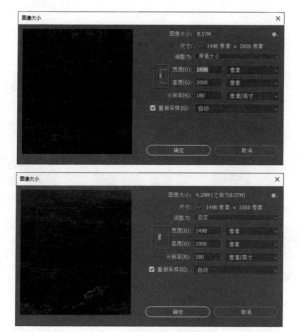

照片画质的设定

处理完照片进行保存时，打开 Photoshop 中的"文件"菜单，选择"存储为"命令，弹出"另存为"对话框，在其中可以设定照片的保存格式，大多数情况下为 JPEG 格式，文件名之后会有 .jpg 或 .JPG 的扩展名。

在"另存为"对话框的右下方可以看到，ICC 配置文件为 sRGB，这是因为在保存照片之前进行过色彩空间的配置，表示照片配置为 sRGB。然后单击"保存"按钮，将弹出"JPEG 选项"对话框。

在其中可以设置照片保存的画质，在"图像选项"选项组中可以将照片品质设定为 0 ～ 12 共 13 个级别，数字越大画质越好，数字越小画质越差。一般情况下，可以将照片的画质保存为 10 ～ 12 的最佳画质，但没有必要保存为 12，如果保存为 12，在右侧的"预览"区域中就会看到照片非常大，比较占空间。设定好之后单击"确定"按钮，这样就完成了照片从打开到配置再到保存的整个过程。

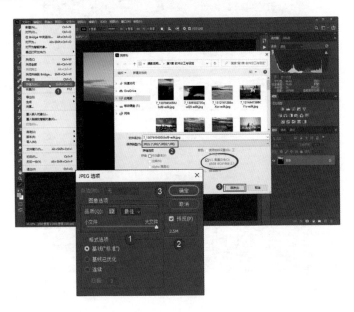

照片的元数据管理

每一张数码照片都有一个附带信息的元数据文件，元数据文件是记载图像文件所有信息的文档，包含以下几个重点信息。

- **EXIF**：通常数码相机在拍摄照片时会自动添加，比如相机型号、镜头、曝光参数、照片尺寸等信息。
- **IPTC**：比如照片标题、关键字、说明、作者、版权等信息。
- **XMP**：由 Adobe 公司制定标准，以 XML 格式保存。用 Photoshop 等 Adobe 公司的软件制作的照片通常会携带这种信息。

元数据是任何有助于描述文件内容或特征的数据。读者可能已经习惯通过一些软件应用程序和操作系统中的文件信息或文档属性框查看和添加一些基本元数据。

数字文件的压缩与封装

　　数字文件的压缩是指通过某种算法将文件的大小减小，以节省存储空间或传输带宽。压缩可以分为有损压缩和无损压缩两种方式。

　　有损压缩是指在压缩文件时会丢失一些数据，以达到更高的压缩比。常见的有损压缩方法包括 JPEG（用于压缩图像文件）、MP3（用于压缩音频文件）等。有损压缩适用于一些对数据完整性要求不高的场景。

　　无损压缩是指在压缩文件时不会丢失任何数据，压缩后的文件可以还原为原始文件。常见的无损压缩有 DNG 格式、RAW 格式等。无损压缩适用于对数据完整性要求高的场景，如文档、图像等。CR3（佳能相机的 RAW 格式）这种 RAW 格式文件是没有经过压缩的，而 JPG 则是压缩后的文件格式。

　　封装是指将一个或多个文件打包成一个整体的过程。封装可以将多个相关的文件组合在一起，方便传输和管理。常见的封装格式有 ZIP、RAR 等。封装格式可以包含压缩文件和非压缩文件，以及其他附加信息，如文件目录、权限等。

数码摄影后期思维方式

对于数码照片来说，后期处理可以让照片得到准确还原或美化，进一步体现作者的创作意图。要进行后期处理，应该有一套正确的后期思维方式，主要包含以下几点。

以目标为导向：要明确后期处理的目标和意图，要清楚地知道作品想要表达的情感、主题或故事，并通过后期处理手段来实现这一目标。比如要表现优美的风光画面，就应该按照风光后期的思路来调整照片。

敏锐的观察力：在数码摄影后期处理中，要有敏锐的观察力，能够发现照片色彩、对比度等细节存在的问题，并根据需要进行调整和修饰。

良好的技术意识：数码摄影后期处理需要具备一定的技术知识和技能。要熟悉各种后期处理软件的使用方法，并了解一些基本的照片后期处理技巧和工具，以便能够灵活运用。

创造性思维：数码摄影后期是一种创作过程，需要有创造性思维。要能够通过后期处理表达自己的创意和观点，将原始照片转化为自己想要的艺术作品。

树立正确的数码照片后期处理观念

正确的数码照片后期处理观念应该是以尊重原始照片为基础，注重细节和精确度，同时结合艺术感和审美，以达到更好地表达和传达照片信息的目的。

理解图像的本质：数码照片后期处理是为了更好地表达和传达照片信息，而不是为了追求过度处理或修饰。要理解照片的构成要素、色彩、对比度、细节等，并根据照片的主题和后期调修的目的进行合适的处理。

尊重原始照片：尽量保留原始照片的特点和风格，不要过度修改或破坏原始照片的真实性和完整性。在处理过程中要尽量避免过度增加饱和度、对比度等，以保持照片的自然感。

学习基本的照片后期处理技巧：掌握一些基本的照片后期处理技巧，如调整曝光、对比度、色彩平衡、锐化等，以便根据需要进行适当的调整和修饰。

注重细节和精确度：在处理照片时，要注重细节的处理和精确度的控制。要仔细观察照片中的细节，有针对性地进行调整和修饰，以达到更好的效果。

培养审美和艺术感：数码照片后期处理不仅是技术的应用，更是一门艺术。要培养自己的审美和艺术感，学习欣赏和理解优秀的照片作品，从中汲取灵感和启发，不断提升自己的后期处理水平和创作能力。

后期处理的尺度把握

摄影后期处理应该在保持照片真实感的基础上，根据照片的主题和需求，合理调整色彩、细节等，以达到更好的视觉效果。

色温尺度：根据拍摄环境和主题调整照片的色温，使其更符合实际场景或所需的氛围。

自然度尺度：保持照片的自然感，不过度处理，避免因过度增加饱和度、对比度等，使照片失去真实感。

色彩尺度：根据照片的主题和氛围合理调整色彩饱和度、色调等，使照片呈现出所需的色彩效果。

细节尺度：保留照片的细节信息，不过度锐化或模糊处理，避免破坏照片的清晰度和真实感。

去瑕疵尺度：适度去除照片中的噪点、瑕疵等，但不过度润饰，以保持照片的自然感。

下方展示了照片的原图和调整后的效果图，这就是一个相对比较合理的照片后期处理案例。

第2章
熟练操作
Photoshop
软件

本章将介绍 Photoshop 基本的操作技巧,具体包括软件的功能布局设置、工具栏设置、面板设置、照片缩放与浏览的设置等技巧。

Photoshop主界面的功能布局

Photoshop 的主界面或者说工作界面中有很多菜单按钮和功能分布，如果理清了各个区域的功能，那么后续的学习就会非常简单。下图标注出了 Photoshop 主界面的功能版块，下面分别进行介绍。

①菜单栏。这些菜单集成了 Photoshop 绝大部分的功能和操作，并且通过主菜单可以对软件的界面设置进行更改。

②工作区。用于显示照片，包括显示照片的标题、像素、缩放比例、照片画面效果等。后续进行照片处理时，要随时关注工作区中的照片显示，并对照片进行一些局部调整。

③工具栏。可以使用工具栏中的工具对照片进行调整。

④选项栏。主要配合工具进行使用，用于限定工具的使用方式，设定工具的使用参数。

⑤面板。该区域分布了大量展开的面板，并且还有部分面板处于折叠状态。

⑥处于折叠状态的面板。

⑦最小化、最大化及关闭按钮。

⑧快捷操作按钮。用于对主界面或整个 Photoshop 软件进行搜索，对界面布局进行设置等操作。

为Photoshop配置数码后期界面

安装好 Photoshop 并初次打开一张照片后，主界面中面板的分布及工具栏中工具的分布并非摄影师经常使用的一些功能和工具，那么后续就可以为 Photoshop 配置适合摄影师处理照片所经常使用的界面设置。

具体操作时，在 Photoshop 主界面右上角单击打开工作区设置下拉菜单，选择"摄影"命令，就可以将 Photoshop 配置为摄影工作界面。

也可以打开"窗口"菜单，在其中选择"工作区"中的"摄影"命令，将 Photoshop 主界面配置为摄影工作界面。

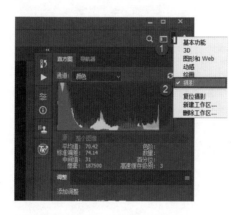

Photoshop工具栏的设定技巧

对于默认状态下的 Photoshop 工具栏，很多工具处于单个摆放状态，这样会导致工具栏特别窄、特别高，有时使用起来并不方便，因此可以进行一定的设置。

具体设置时，在工具栏底部单击并按住"编辑工具栏"按钮，在打开的下拉列表框中选择"编辑工具栏"选项，弹出"自定义工具栏"对话框，在其中可以看到许多功能被拆分开，这种拆分的工具会在工具栏中单独摆放，那么在此就可以设定将其折叠。

具体操作时，单击想要折叠的工具并将其拖动到其他工具的下方，然后松开鼠标，这样就可以将这两个工具折叠起来。

经过拖动之后，我们将"修复画笔工具""修补工具""内容感知移动工具"等几种工具折叠在了一起。完成操作后，主界面工具栏中的"污点修复画笔工具"右下角会出现一个三角图标，单击并按住该工具就可以展开这几种折叠的工具。

在"自定义工具栏"对话框右侧是一些不经常使用的工具，如果个人比较偏好于使用一些特殊的工具，也可以从右侧附加工具栏中单击并选中某些工具拖动到左侧，这样这些工具就会显示在工具栏中。

设置完成之后，单击"完成"按钮即可返回主界面。

Photoshop面板的设定与操作

　　Photoshop 主界面中的面板也可以根据个人的使用习惯及照片显示的状态进行面板的摆放和调整。比如，可以单击并按住某个面板的标题栏对其进行拖动，让其从停靠状态转变为浮动状态。这里将"导航器"面板拖动到工作区。

　　在面板中也有多个面板折叠的状态，那么处于折叠状态的面板标题高亮显示的是当前显示的面板，非高亮显示的面板处于折叠状态，如"图层""通道""路径"这 3 个面板，可以看到"图层"面板处于高亮显示状态，那么"通道"和"路径"面板处于折叠状态，在后台运行。

　　对于漂浮的面板，还可以按住其标题栏拖回到原有的停靠位置，拖动到停靠面板标题上出现蓝框时，松开鼠标就可以再次将浮动的面板归位于原状。

　　对于停靠的面板，单击并按住标题栏左右拖动，可以改变这些面板的排列次序。如果要激活后台运行的面板，单击其标题栏即可，让其在最前端显示，原来在前端显示的面板会处于后台运行状态。

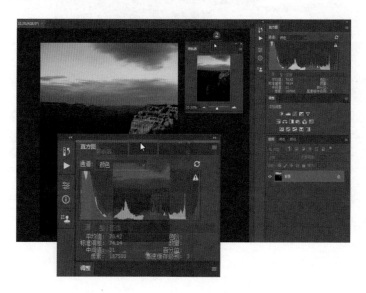

扩展面板与面板的停靠

Photoshop 的面板有一部分处于展开状态，一部分处于折叠状态，还有一些折叠起来停靠在左侧的竖条上。除了系统自带的面板，还有一些第三方的滤镜或插件，也可以让这些面板停靠在竖条上，比如已经安装的 TK 亮度蒙版这个插件，也可以将其作为一种常态固定在竖条上。具体操作时，打开"窗口"菜单，选择"扩展"中的 TK 亮度蒙版命令，就可以将这个亮度蒙版固定在竖条上。

对于 Photoshop 中所有的面板，都可以通过"窗口"菜单进行打开或关闭。打开菜单之后，选择某个面板就可以将其开启，开启的面板为选中状态，取消选中相应的面板，就可以关闭面板。

"直方图"面板默认显示的是一种紧凑视图，笔者比较喜欢让直方图显示扩展视图，可以方便观察不同的直方图类型及直方图下方的一些具体信息。操作时，单击"直方图"面板右上角的按钮展开折叠菜单，在其中选择"扩展视图"命令即可。

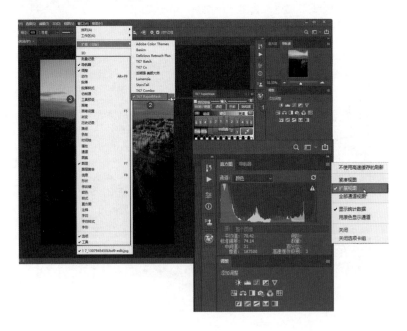

Photoshop中缩放照片的3种方式

在 Photoshop 中打开照片，如果要缩放照片的显示比例那非常简单，可以在工具栏中选择缩放工具，然后在上方的选项栏中设定选择放大或者缩小工具，将鼠标移动到照片工作区单击，就可以放大或缩小照片。但是这种操作比较烦琐，并且有时可能已经开启了其他的功能或正在使用其他工具，这时是没有办法再选择缩放工具的，此时就可以通过其他方式，在使用其他功能的状态下来缩放照片。

缩放照片的第二种方式是在"首选项"对话框中切换到"工具"选项卡，在其中勾选"用滚轮缩放"复选框，然后单击"确定"按钮，这样返回之后，在 Photoshop 主界面中只要滚动鼠标上的滚轮，就可以放大或缩小照片，非常方便。

缩放照片的第三种方式则是键盘控制，如果要放大或缩小照片，可以按"Ctrl++"或"Ctrl+-"组合键。如果要将照片缩放到与软件工作区相符合的比例，那么直接按"Ctrl+0"组合键，就可以将照片以适合屏幕的缩放比例显示。

抓手工具与其他工具的切换

照片放大之后，人们看到的可能是照片的局部，如果要查看照片放大状态下的其他区域，可以在工具栏中选择抓手工具，然后将鼠标移动到照片画面上单击并拖动即可。

这里同样会存在一个问题，在使用其他工具时，如果要观察不同的工作区，由于不能退出当前使用工具，这时就可以按住键盘上的空格键，所使用的工具就会暂时切换为抓手状态，单击并拖动鼠标就可以显示不同的工作区，松开鼠标，则自动切换回到正在使用的工具，非常方便。

比如，正在使用套索工具创建选区，选区创建一半时，要观察照片的不同区域，这时一旦在工具栏中选择抓手工具，那么之前创建的选区就会半途而废，所以此时是不能在工具栏中选择抓手工具的。按住键盘上的空格键，鼠标就可变为抓手状态，在工作区单击并拖动鼠标就可以显示其他区域。松开空格键，就会自动切换回选区工具，之前创建的选区和工具的状态都不会受到任何影响。

放大与缩小画笔（鼠标光标）的直径

　　在使用画笔进行一些蒙版的操作或其他操作时，如果要调整画笔（鼠标光标）的直径，可以在上方的工具属性栏中打开"画笔预设"选取器，在其中改变笔触的大小，也可以在工作区中单击鼠标右键，打开参数调整面板，然后拖动滑块或输入参数进行更改。

前景色与背景色的设置

在工具栏下方有两个色块，分别是前景色与背景色，设定前景色可以为画笔设定颜色，设定背景色则可以让用户很轻松地使用渐变工具等操作。设定前景色与背景色的操作非常简单，将鼠标移动到上方的色块即前景色上单击，弹出"拾色器"对话框，在其中可以设定前景色。设定背景色时，单击工具栏下方的色块，弹出"拾色器"对话框，即可在其中进行设置。

在"拾色器"对话框的标题栏中可以看到当前打开的是背景色还是前景色，这里打开的是背景色，然后在色块右侧的色条上上下拖动，可以选择想要的主色调，然后在左侧选择具体的颜色。当然也可以在这个对话框右侧设置不同的 RGB 值来进行配色，要使用 RGB 的颜色值，可能需要摄影师有非常熟练的软件应用能力。

实际上对于前景色与背景色的设置，设置纯白色与纯黑色的情况是比较多的。设置纯白色时，只需按住鼠标左键，向色块左上角进行拖动，那么就可以设定为纯白色；如果要设置为纯黑色，则按住鼠标左键向左下角拖动即可。设定好之后，单击"确定"按钮，完成前景色或背景色的设置。

快速设置笔触的大小

在摄影后期修图时，我们可能要借助很多 Photoshop 中的工具来对画面进行涂抹、绘制、取样等调整，这些工具都有一个特性，即鼠标光标都会如画笔工具一样，笔触是圆形的。具体使用这些工具时，可能要放大或缩小笔触大小在画面上涂抹。前面介绍了调整画笔（鼠标光标）直径的基本方法，即在打开的照片画面上单击鼠标右键，然后在打开的面板中调整笔触大小。但这样操作会比较烦琐，耽误时间。比较快速、高效的做法是在英文输入法状态下，按"["和"]"键对笔触大小进行缩放——按"["键是缩小，按"]"键是扩大。

第 3 章
照片影调审美与
控制基础

本章将带领读者正确认识照片的影调，以及学习关于照片影调的审美规律，只有掌握了这些知识与审美规律，才能在后续的影调调整中做到有的放矢，而不会茫然无措。

通透，细节完整

对于一张照片来说，如果想要从影调的角度给人非常美的观感，那么一定要非常通透。而在一些雾霾天或大雾天进行拍摄时，就很难得到通透的画面效果。

要得到更通透的照片，一般来说画面要有足够高的对比度，即亮部足够亮，暗部足够黑。但是应该注意，画面的对比度或者反差变高以后，容易导致高光或暗部出现溢出、丢失细节。

右侧第 1 张案例照片整体是比较通透的，高光和暗部并没有出现"死白"或"死黑"的问题，没有损失细节，也就是说，在保持照片通透的基础上细节依然是足够完整的。这张照片整体影调就是比较理想的。

右侧第 2 张案例照片整体对比度变低，亮部不够亮，暗部不够黑，整体就不够通透，灰蒙蒙的，让人感觉不舒服。

右侧第 3 张案例照片画面通透，但受光线照射的位置出现了"死白"的情况，而背光的阴影处有些区域变为了"死黑"，即损失了高光和暗部的细节，那么这种照片给人的感觉就不够好。

层次丰富

照片画面的影调层次要丰富。用比较通俗的话来讲就是照片从最亮到最暗都有足够多的层次，这样才足够耐看，才会显示出更好的立体感。如果照片只有纯白和纯黑两级的影调层次，那么照片就不能再被称为照片，而会变为简单的图像。

当然，在一些特殊的场景中，有时也会刻意减少画面的影调层次，营造出高调、低调或高反差的剪影画面效果。

下方横幅照片的层次非常丰富，有高光、有中间调、有纯黑的区域，层次丰富了，画面就比较好看。这原本是一个比较简单的场景，但因为有丰富的影调，所以照片看起来比较理想。

下方竖幅照片的层次就比较少，它表现的是一种剪影效果，用于表现人物的形态线条和整个背景窗户的图案。这张照片其实有一个比较关键的点，就是在地面上的倒影，它在纯黑和纯白之间形成了一定的过渡，让照片产生了比较明显的立体感。

影调过渡平滑

　　前面已经介绍过，照片要足够通透，要有丰富的层次，此外还应该注意一点，照片由明到暗的过渡一定要平滑，不能出现太大幅度的跳跃。如果影调层次由白色直接跳跃到黑色，缺乏中间调的过渡，那么画面给人的感觉就不舒服。

　　大多数情况下，要在太阳落山但还没有彻底天黑时拍摄城市夜景，这是因为此时的地面城市已经亮起了灯光，这样就既能保证城市出现非常绚丽的灯光色彩，又能保证没有灯光的暗部不会彻底变为"死黑"，让画面从暗部到高光都有平滑的影调层次过渡。

　　如果彻底天黑以后再进行拍摄，那么城市中没有灯光的一些区域一定是"死黑"的，而灯光部分亮度非常高，就会导致最终拍摄的画面产生跳跃性的明暗反差，影调层次过渡不够平滑，画面一定不会好看。

影调干净、不乱

画面影调层次丰富是数码后期的基本要求，但是影调层次丰富之后，就容易导致画面变乱。比如说，画面中的光源非常多，会让影调显得散乱；画面中的局部反光非常多，就会产生很多的亮点，也会让画面变得杂乱。对于这种影调产生的杂乱感，一定要在后期处理时对一些反光点、杂乱的光源点进行压暗或削弱，最终让画面中只有一个最为明显的光源，画面就会显得干净和协调。

下方的这张照片中，可以看到玻璃窗上有明显的干扰线，色彩也比较乱，而背景中有明显的灯光照射，干扰性也非常大，画面右侧的墙上明暗反差非常大，也会让画面显得杂乱。

后期调整时，先设定光源在画面左侧的窗外，然后沿着光线照射的方向对不同的景物进行明暗处理。受光处亮、背光处暗，最终可以让整体环境显得更加协调，整体环境就显得更加干净，而人物也更加突出。

原图

效果图

记住一个关键数字——256

先来看一个问题：01011001、11001001、10101010……这些 8 位数的二进制数字，一共可以排列出多少个值？其实非常简单，一共有 2 的 8 次方种组合方式，即可以组合出 256 个值。计算机是二进制的，如果某种软件是 8 位的位深度，那么就能呈现 256 种具体的运算结果。Photoshop 在呈现图像时，默认就是 8 位的位深度，因此能呈现 256 种变化结果。

这 256 种数据结果，代表 256 种不同的明暗程度，在表现照片明暗时，纯黑用 0 表示，纯白用 255 表示。

在软件内很多具体的功能设定中，都有 0 ~ 255 的色条，很容易辨识。其中，左侧深灰色滑块对应的是 0，也就是纯黑；右侧白色滑块对应的是 255，也就是纯白。

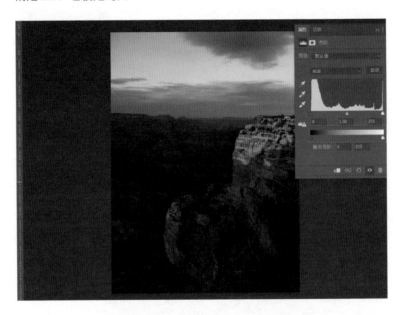

直方图的构成原理

在后期软件中，直方图是指导摄影后期明暗调整最重要的一个标准。在 Photoshop 或 ACR 的主界面中，界面右上角都会有一个直方图，它是非常重要的衡量标尺。一般来说，调整明暗时，需要随时观察照片调整之后的明暗状态，不同显示器的明暗显示状态也不同，如果只靠肉眼观察，可能无法非常客观地描述照片的高光与暗部的影调分布状态；但借助于直方图，再结合肉眼的观察，就能实现更为准确的明暗调整。下面来看直方图的构造原理。

首先在 Photoshop 中打开一幅有黑色、深灰、中间灰、浅灰和白色的图像，打开之后，在界面右上方会出现直方图，但是直方图并不是连续性的波形，而是一条条的竖线，根据它们之间的对应关系，直方图从左向右对应了像素不同的亮度，最左侧对应的是纯黑，最右侧对应的是纯白，中间对应的是深浅不一的灰色，因为由黑到白的过渡并不是平滑过渡的，所以表现在直方图中也是一条条孤立的竖线。直方图从左到右对应的是照片从纯黑到纯白不同亮度的像素，不同线条的高度对应的则是不同亮度像素的多少，纯黑的像素和纯白的像素非常少，它对应的竖条高度也比较矮，中间的一些灰色像素比较多，它对应的竖条高度也比较高，由此可以较为简单地理解直方图与像素的对应关系。

对于一张照片来说，其直方图形状应该是连续的，自左向右对应了由暗到亮的变化。

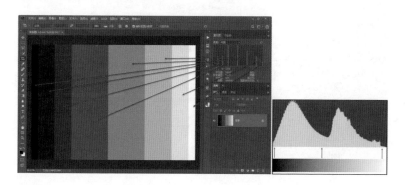

对纯白与纯黑的控制

　　对于照片来说，其直方图从左向右的过渡应该平滑起来，用于对应照片从亮到暗丰富的层次和细节。需要注意的是，如果像素变为了纯白，是无法呈现任何细节信息的；变为纯黑时同样无法呈现细节信息。

　　在 ACR 中，如果照片有高光溢出和暗部"死黑"的问题，直方图左上和右上角的三角标会变成白色。

　　在 Photoshop 的直方图中，如果左右两边线都出现了竖线，表示有高光溢出变为"死白"的像素，有暗部变为"死黑"的像素，这都是层次细节的损失。无论高光"死白"还是暗部"死黑"，大部分情况下都是不合理的，需要通过后期调整来追回最亮和最暗的层次细节。

改变直方图的显示方式

打开一张照片之后，初始状态的直方图中有不同的色彩，对应的是不同色彩的明暗分布关系。

如果要调整为比较详细的直方图，可以在直方图面板右上角打开折叠菜单，选择"扩展视图"命令，可以调出更为详细的直方图状态。在"通道"下拉列表中选择"明度"选项，可以更为直观地观察对应明暗关系的直方图，注意是明度直方图。

直方图的高速缓存有什么意义

　　初次打开的"明度直方图"右上角有一个警告标记，对应的是"高速缓存"。所谓高速缓存，是指在处理照片时，直方图是一个抽样的状态，并非与完整的照片像素——对应，因为在处理时软件会对整个照片画面进行一个简单的抽样，这样会提高处理时的显示速度。如果取消高速缓存标记，此时的直方图与照片会形成准确的对应关系，但处理照片时，它的刷新速度会变慢，影响后期处理的效率。大部分情况下，高速缓存默认是自动运行的，当然，高速缓存是可以在软件的首选项中进行设定的，高速缓存的级别越高，抽样的程度也会越大，与直方图对应的准确度也会越低，但是运行速度会越快。如果设定较低的高速缓存级别，比如没有高速缓存，则它与照片画面的对应程度就非常准确，但是刷新的效率会比较低。从下图中可以看到，当前的高速缓存级别为 2，是比较高的级别。如果取消高速缓存，直方图会有一定的变化。

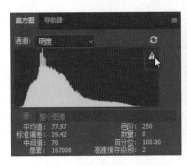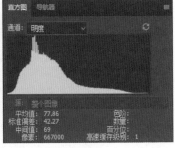

详细解读直方图的参数

打开一张照片，用鼠标在直方图上单击，直方图的下方会出现大量的参数。

其中，平均值是指画面所有像素的平均亮度。比如，亮度为 0 的像素有多少个，亮度为 128 的像素有多少个，亮度为 255 的像素有多少个，将这些像素亮度相加，再除以亮度总数，就得出平均值，平均值能反映照片整体的明暗状态。这里可以普及一个小知识——一张照片或图像在 Photoshop 中的亮度共有 256 级，纯黑为 0 级亮度，纯白为 255 级亮度，其他大部分亮度位于 0 ~ 255 级之间，当然某个亮度的像素可能会有很多个。

标准偏差是统计学上的概念，这里不做过多的介绍。

中间值可以在一定程度上反映照片整体的明亮程度，此处的中间值为 169，表示这张照片比一般亮度要稍亮一些，整体照片是偏亮的。

像素对应的是照片所有的像素数，用照片的长边像素乘以宽边像素，就是照片的总像素。

色阶表示当前鼠标单击位置所选择的像素亮度。

数量表示所选择的这些像素有多少个亮度为 151 的像素，这个亮度的像素共有 83016 个。

百分位是指亮度为 151 的像素个数占总像素的百分比。

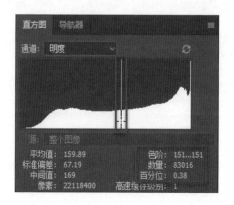

256级全影调照片

　　摄影中的影调其实就是指画面的明暗层次,这种明暗层次的变化是由景物之间的受光不同、景物自身的明暗与色彩变化所带来的。如果说构图是摄影成败的基础,那么影调则在一定程度上决定着照片的深度与灵魂。

　　来看下列 3 张图片,左侧图片画面中只剩下纯黑和纯白像素,中间的灰调区域几乎没有,细节和层次都丢失了,这只能称为图像而不能称为照片。中间的照片除了黑色和白色之外,中间亮度部分出现了一些灰色的像素,这样画面虽然依旧缺乏大量细节,并且层次过渡不够平滑,但相对前一张图片却变好了很多。右侧图片从纯黑到纯白之间有大量灰调像素进行过渡,明暗影调层次过渡是很平滑的,因此细节也非常丰富和完整。正常来说,照片都应该是如此的。

　　从这 3 张图片可以知道:照片的明暗层次应该是从暗到亮平滑过渡的,不能为了追求高对比的视觉冲击力而让照片损失大量中间灰调的细节。

　　对于一张照片来说,从纯黑到纯白都有足够丰富的明暗影调层次,并且过渡平滑,那么这张照片就是全影调的,直方图看起来也会比较正常。

| 2 级明暗,只有黑和白 | 5 级明暗,有黑、灰和白 | 256 级别明暗,从黑到白 |

常见影调：曝光不足

　　通常情况下，对于绝大部分后期处理的照片来说，其所显示出的常见的直方图形式可以分为五类。

　　下图中的照片画面亮度很低，是曝光不足的表现。从直方图来看，暗部像素比较多，亮部像素极少，有些区域甚至没有像素。

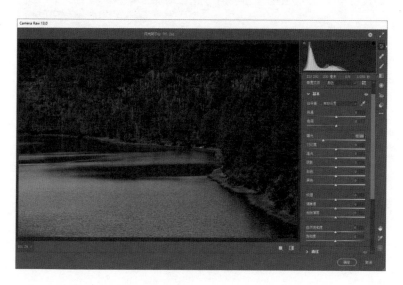

常见影调：曝光过度

如下图所示，照片画面中的部分区域亮度较高，是曝光过度的表现。从直方图来看，大部分像素位于比较亮的区域，而暗部的像素就比较少。

常见影调：反差过大

　　如果照片明暗的对比度过大，称为反差过大。从下方展示照片画面和直方图来看，照片中最暗部与最亮部的像素比较多，中间调区域的像素比较少，这表示照片的反差大，缺乏影调的过渡。

常见影调：反差过小

如果照片灰蒙蒙的，对比度不够，称为反差过小。如下图所示，从直方图来看，左侧的暗部缺乏像素，右侧的亮部缺乏像素，大部分像素集中于中间调区域，这种直方图的照片一定是对比度反差比较小、灰度比较高的画面，画面的宽容度有所欠缺。

常见影调：曝光合理

　　如下图所示，照片画面亮度适中，曝光比较合理。从直方图来看，无论暗部还是亮部都有像素出现，从最暗到最亮的各个区域像素分布比较均匀。这张照片虽然暗部像素比亮部像素多，反差稍微比较大，但整体来看是比较正常的。

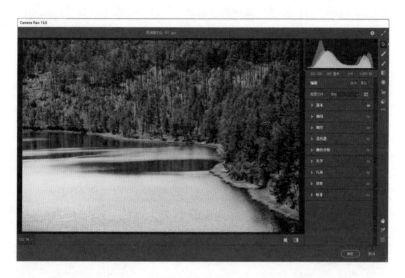

特殊影调：高调

　　如下图所示，如果仅从直方图判断，照片属于曝光过度，因为更多的像素位于直方图的右侧，也就是说照片的整体亮度非常高，是一种曝光过度的直方图。从照片来看，这是一种浅色系景物占据绝对多数的画面，这种画面本身就是一种高调的效果。所以，有时看似曝光过度的直方图，实际上它对应的是高调的风光或人像画面，这种情况下，只要没有出现大量像素的曝光过度，也是没有问题的。出现曝光过度时，直方图右上角的警告标记（三角标）会变为白色。

特殊影调：高反差

　　如下图所示，如果仅从直方图判断，照片属于反差过大，可以看到直方图左侧暗部有一些像素堆积，右侧亮部也有像素堆积，是一种反差过大的直方图，中间范围的像素有所欠缺，明暗的层次过渡不够理想。从照片来看，会发现照片本身就是如此，因为是逆光拍摄的画面，白色的云雾亮度非常高，逆光的山体接近于黑色，所以它的反差本身就比较大，这也是比较正常的。在高反差场景中，比如拍摄日落或日出时的逆光场景，画面中往往会有较大的反差，直方图波形看似不正常，这也是一种比较特殊的影调输出状态。

特殊影调：低调

　　如下图所示，如果仅从直方图判断，这是一张严重欠曝的照片，是有问题的。但从照片来看，它本身强调的是日照金山的场景，有意压低了周边的曝光值，这是一种明暗对比的画面效果，并没有问题。虽然直方图看似曝光不足，并且左上角的三角警告标志变白，表示有大量像素变为了纯黑色，但从照片效果来看，这是一种创意性的曝光，也是没有问题的。

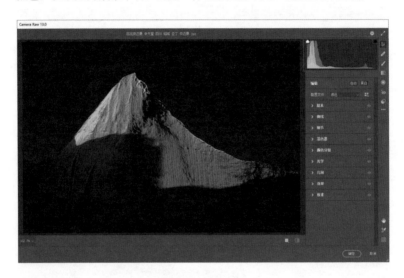

特殊影调：灰调

如下图所示，如果仅从直方图判断，左侧的暗部区域和右侧的亮部区域都缺乏像素，大部分像素集中于中间偏亮的位置，是一种孤空型的直方图，这种直方图的画面通透度有所欠缺，对比度比较低。但从照片来看，要展现的就是比较朦胧的影调，也是没有问题的，这也是一种比较特殊的情况。

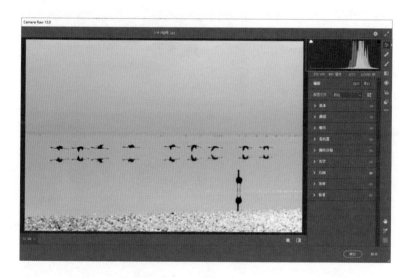

影调的长短分类

全影调的直方图，从纯黑到纯白都有像素分布，这种画面的影调又被称为长调，可以看到，波形左侧到了纯黑位置，右侧到了纯白位置，中间区域有平滑过渡。

除长调外，照片的影调还有中调和短调两种。

中调与长调最明显的区别是中调的暗部、亮部可能会缺少一些像素分布，或两个区域同时缺乏像素。因为缺乏了高光或暗部，那么这种照片的通透度可能会有些欠缺，但这类摄影作品给人的感觉会比较柔和，没有强烈的反差。

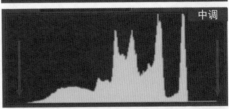

短调通常是指直方图左右两侧的范围不足直方图框左右宽度的一半。整个直方图框从左到右是 0 ～ 255 共 256 级亮度，短调的波形分布不足一半，也就是不足 128 级亮度差别，对应的摄影作品被称为短调。

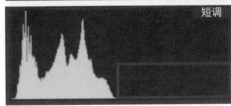

影调的高低分类

　　高调与低调是影调的另外一种划分方式，也是一种比较主流的分类方式。简单来说，将 256 级明暗分为 10 个级别，左侧 3 个级别对应的是低调区域，中间 4 个级别对应的是中间调区域，右侧 3 个级别对应的是高调区域。

　　直方图的波形重心，或者说照片大量像素堆积在哪个区域，就被称为哪个影调的照片。比如，直方图的波形重心位于左侧 3 个级别内，那么照片就是低调摄影作品；位于中间 4 个亮度级别区域内，那么照片就是中间调摄影作品；位于右侧 3 个亮度级别区域内，就是高调摄影作品。

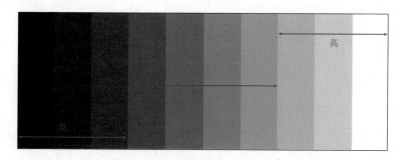

第 4 章
影调控制的核心：
三大面的塑造

本章将讲解如何通过影调的调整，让画面变得层次丰富，有立体感，给人非常干净、高级的感觉。

线条与立体感

　　用 12 条线段搭建一个图形，给人一种三维立方体的观感，这便是线条变化所带来的立体感。

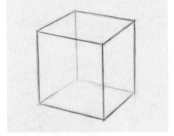

　　在构图时也需要借助线条的走向、变化和组合，来让照片呈现出更好的立体感。

　　下方的案例照片中，近景的道路呈现 S 形，蜿蜒延伸到远处的重点景物上，这种线条的延伸就会让画面更具空间感和立体感。

线条、影调与立体感

　　线条对立体感的强化作用比较简单，也比较直观，下面再来看影调变化对于立体感的影响。

　　同样是之前的 12 条线段搭建成的图形，为这个图形的面分别涂上不同的明暗，有高光，有一般的亮面，也有阴影，最终可以看到图形更加立体和真实。

　　在这个立方体上，最上方这个面亮度最高，可以称之为高光面；正对着读者的这个面可以称为一般亮面，它也是受光线照射的，但是它的亮度并不高；右侧的面背光，处于阴影中，可以称其为暗面。通过高光面、一般亮面和暗面，最终进一步强化了画面的立体感，或者说是在二维平面上让景物呈现出了三维立体的效果。

　　再来看案例照片，本身线条由四周向内收缩，起到了一个汇聚和延伸的作用，观者会随着线条看向画面的深处，而景物自身存在明暗的变化会让整个画面更立体、更真实、更细腻，最终就由线条和影调层次的变化让整个画面展示出了很好的立体感。

现实中的影调面

有明暗面变化的立方体，无论高光面、一般亮面还是暗面，如果都非常干净，整个画面就显得层次丰富，还有一种非常高级的感觉。但现实中的立方体 3 个面中都会存在一些干扰，这些干扰可能以瑕疵、光斑的形式出现，让照片中的面不够干净，照片整体也就会显得杂乱。

如果想让这个立方体重新干净起来，方法很简单，只要处理好各个面上的瑕疵、光斑，这个立方体就会再次干净、高级起来。

在案例照片中，不同的面上也存在一些瑕疵或光斑，在后期处理时就要修掉或弱化这些干扰物，画面才会干净，照片整体才会变得层次丰富且有高级感。

案例照片左下角有一棵树亮度非常高，干扰了整个的阴影面，导致照片整体显得不够干净。在后期处理时，除调整画面整体的光影外，还要将左下角单独的亮度比较高的这棵树压暗，那么整个暗面会显得更干净，画面整体也会变得高级起来。

一般有光场景的影调重塑

　　很多摄影师在对照片进行后期处理时，往往是加对比、加清晰度、追回高光和暗部细节，各个步骤操作一遍就结束了。此时画面整体的明暗、色彩看起来似乎都比较漂亮，但如果仔细观察，就会发现有很多不合理的地方导致这张照片的很多位置不符合自然规律，那么画面也就不够耐看。

　　下面来看案例照片，如图❶所示，拍摄时为了避免左上角的光源部分曝光过度，因此降低了曝光值，所以画面整体偏暗。此外因为场景中的水汽比较重，所以照片整体是灰蒙蒙的。

　　一般人对这张照片的后期处理是追回暗部细节，压暗高光，协调整体色彩，结果可能如图❷所示。但如果仔细观察，就会发现左下角的背光处亮度过高，与受光面，也就是一般亮面的明暗差别不够，画面整体给人的感觉就比较散，看似漂亮但不够耐看，画面也就没有高级感。

　　正确的后期应该是这样的，将左下角背光面的亮度压下来，因为这片区域本身是处于阴影当中，应该属于暗面，亮度不能高；将画面右侧下方受光线照射的区域强化出来作为一般亮面；左上角的高光部分亮度适当高一些，作为高光面。将各个面调到合适的程度之后，画面就会显得非常干净、简洁、有层次感，如图❸所示。

散射光场景的影调重塑

相信有 90% 以上的人修出的照片如第一张照片这样，看起来画面层次比较丰富，但如果仔细观察，就会发现照片中的散射光太多，画面不够干净。

地景及柱子的背面、墙体的背面应该处于阴影，也就是暗面中，但这些位置却出现了大量的反光和光斑，明暗斑驳，暗面不够干净。走廊的屋顶两侧亮度非常高，这也是不合理的。可能有许多摄影师认为这个走廊很漂亮，要进行突出，但是对某些景物的突出和强化，一定要在某个限度内进行，绝对不能让调整的区域严重违反自然规律。此时屋顶的亮度太高，就属于严重不符合自然规律，所以这个画面肯定不会耐看。

后期调整后，可以看到，墙体背面、柱子的背面等都被压暗了，走

廊屋顶部分也被压暗，照片的暗面亮度趋于相近，就变得比较干净；天空左侧霞光的高光位置则单独进行了提亮，明确了照片的高光面；将远处受光线照射的建筑部分作为一般亮面。这张照片整体的层次就变得非常丰富，画面也更加干净、有高级感。

霞光场景的影调重塑

再来看一个案例，依然是一个没有直射光照射的场景。

实际上背景的霞光亮度是非常高的，因此可以将其作为这张照片的高光区域，将它作为光源。

一般人的调整可能就是提亮阴影，追回暗部层次细节，那么此时照片依然存在非常多的问题。比如地景，也就是背光的暗面中有一些亮度非常高的楼，它们就会导致整个暗面显得杂乱，这显然是不合理的。

在后期处理过程中，需要对亮度比较高的这些楼进行压暗，让整个暗面的景物亮度再相近一些，那么这个暗面就会干净起来，画面整体也会变得更干净。

这样，就确定了高光面和暗面，现在还缺少一般亮面。这张照片的一般亮面是中间三角形建筑左侧的面，它是受光线影响的，亮度应该高一些，色彩应该暖一些；如果再将三角形建筑正对相机的面压暗一些，那么这座建筑的立体感就会更强烈。

此外，对于这类照片来说，还有一个非常关键的点，即远处的高层建筑群，它们的左侧面同样会受到高光光线的影响，所以需要对这些面进行提亮和渲染色彩，最终可以看到画面的 3 个面就非常明确了，照片整体也变得好看起来。

原图

效果图

乱光（光线杂乱）场景的影调重塑

　　在做后期影调重塑时，有一类比较特殊的场景——夜景城市风光。这类场景中往往有非常多的灯光，一些树木、路面、民房等元素被这些灯光照亮之后，会干扰观者的视线，让他们感觉画面非常乱。针对这种场景，需要单独对一些不需要特别亮的元素进行压暗，从而重塑画面影调。

　　案例照片右下方有一盏路灯，它的照射导致周围的树特别亮，干扰视线。对于夜景城市题材，在重塑影调时，一定要消除场景中这些因为光源或自身明暗产生的高亮效果，最终让画面影调变得干净。

原图

效果图

散射光场景怎么修

在很多散射光的场景中，很难准确判断其光源位置，针对这种情况，可以大致假设某个位置存在光源，然后为一些明显的景物制作出浅浅的阴影，最终让画面产生丰富的层次和立体感，也能得到比较好的效果。

来看案例照片，会感觉整个画面的远处有可能是太阳升起的位置，所以很难找到准确的光源位置。但如果不能确定光源的位置，就没有办法为树木制作阴影，无法营造立体感。所以最终假设画面左侧稍微偏上的位置是太阳升起的地方，也就是光源位置。然后根据这个假设的光源来为树木制作浅浅的影子，最终让画面变得非常立体，并且有了丰富的影调层次。

原图

效果图

第 5 章
画面全局影调
优化实战

对照片进行后期处理时，首先要对照片的整体影调、白平衡进行优化，确定照片整体的影调和色调效果，为后续的局部精修做好准备。

另外，对于某些效果比较好的照片，可能只需经过画面全局影调与白平衡的优化，就能满足出片要求，从而完成整个后期的过程。

设置对比视图

　　将照片在 ACR 中打开。为观察调整效果，在照片显示区右下角单击 "在'原图 / 效果图'之间切换"按钮，让照片以对比视图的方式显示，可以看到照片调整前后的效果对比。

　　"在'原图 / 效果图'之间切换"按钮右侧还有 3 个按钮，第 2 个为 "切换原图 / 效果图设置"，单击该按钮可以交换原图与效果图的位置；第 3 个为"将当前设置复制到原图"，单击该按钮将用调整后的画面效果替换原图，该功能用于对比初步调整的照片效果和后续继续调整所呈现的效果；第 4 个按钮为"切换到默认设置"，单击该按钮可以查看修片之前的画面效果。

结合直方图分析照片问题

　　RAW 格式的文件之所以不够通透，是因为在拍摄时，设定 RAW 格式之后，相机会自动降低高光值，提高阴影的值，确保暗部和高光位置的细节足够丰富，这就会导致画面当前的状态灰蒙蒙的，不够通透。针对 RAW 格式文件不通透的情况，将 RAW 格式文件载入 ACR 之后，会在基本面板中进行初步优化。

　　通过观察直方图可以看到，当前的像素集中在中间区域，左右两端的像素较少。这表示画面没有比较明显的明暗反差，整体有点灰蒙蒙的。可以通过后期处理来强化画面反差，让照片变得通透起来，但要注意，照片变通透后往往会变得杂乱，所以要注意控制画面的干净程度。

曝光值，确定照片整体的明暗

进入 ACR 后，默认打开的界面即右上角所显示图标的"编辑"界面，该界面中包含大多数的 ACR 修片功能，包括影调优化、调色、锐化与降噪等。

在 ACR 中，对于照片明暗层次的优化，首先通过调整"亮"这组参数面板来实现。

针对直方图波形整体稍稍有些偏向左侧，画面整体稍微偏暗的问题，可以通过增加曝光值来改善。曝光值控制的是画面整体的明暗，通过调整曝光值可以确定照片整体的基调，是偏暗还是偏亮的，又或是正常亮度。

通过增加曝光值，可以看到直方图的波形开始向右偏移，画面整体亮度也会增加。

高光与阴影，控制画面亮部与暗部的层次

调整曝光值后，照片的整体明暗会变得合理，但最亮和最暗的部分可能会存在问题。案例图中，虽然远处位于亮部的云海部分没有溢出变为死白，但用眼睛看却无法分辨出更多信息，即画面中的高光区域缺乏细节层次，难以分辨。因此，需要降低高光值，这样做可以追回高光的细节层次。

与"高光"相对应的是"阴影"，案例图中阴影对应的是山体内背光的区域，这个区域受到云雾的影响，亮度还是比较高的。虽然细节比较完整，但是不够暗，这就导致画面灰蒙蒙的，所以可以通过降低阴影的值来压暗阴影区域，让画面整体变得通透一些。

需要注意的是，阴影的值不宜降得太低，否则容易丢失暗部细节层次。

白色与黑色，确定亮部与暗部的边界

对于一张照片来说，不能让大量像素变为"死白"或"死黑"，因为那样会导致照片损失层次细节。但是，如果照片最亮的像素不够白，最暗的像素不够黑，那么照片又会不够通透。对于这个问题，ACR 通过"亮"这组参数面板中的"白色"与"黑色"进行控制，它们分别对应的是照片中最亮和最暗的边界。

如果照片亮部太白，需要降低白色的值来避免高光溢出；如果亮部不够白，虽然亮部细节比较完整，但画面高光有所欠缺，会导致不够通透。对应暗部的黑色同样也是这个道理。

后续，可以通过调整"白色"与"黑色"的值，来控制照片的亮部和暗部边界，以及整体的通透度。

对比度，控制画面的层次与通透度

　　在优化画面的通透度时，还有一个有效的参数是"对比度"。可以通过增加"对比度"的值来进一步增强画面的反差，使画面更加通透；也可以对高反差画面降低对比度，让画面的对比度变得合理。

　　对照片进行了细节追回等大量调整后，照片会变得不够通透，显得灰蒙蒙的，此时可以提高"对比度"的值，优化画面的层次效果。

整体协调画面影调

　　借助不同参数对照片进行调整之后，并不能说明我们已经完成了对照片全局明暗层次的调整。此时要从整体上观察照片效果，然后整体微调"曝光""高光""阴影""白色""黑色""对比度"的值，通过这种整体上的协调，可以让画面整体的效果更好一些。

　　提高"对比度"后，画面依然可能出现高光溢出或暗部死黑的问题，还需要再次进行整体的协调。所以，对各个参数逐个调完后，往往还需要对画面整体的影调参数进行协调，优化画面效果。

　　当然，很多人可能认为当前的画面并不是特别理想，但这并不重要。目前的调整只是对全局明暗层次做出的基础调整，旨在追回高光和暗部的细节信息。后续还会通过其他参数的调整，如局部影调和色彩调整等，进一步完善画面。在"亮"这组参数面板中，最重要的是恢复各个区域的细节层次，并对画面的整体基调进行初步优化。

优化画面质感

用相机拍摄的照片，即便进行过影调的优化，往往还是比较柔和的，需要强化整体的清晰程度，这样照片会更清晰，更有质感。

在 ACR 中，单击展开"效果"参数，可以看到有 5 组参数："纹理""清晰度""去除薄雾""晕影""颗粒"。这里重点讲解"纹理""清晰度""去除薄雾"这 3 个功能的原理。

"去除薄雾"参数用于对不同平面间的明暗和色彩进行反差调整，让画面整体显得更清晰。由于"去除薄雾"这个功能的效果特别强烈，如果提高的幅度较大，画面可能会出现失真问题，因此实际使用时，提高的幅度一般不要如案例图中那样大。本案例中之所以将"去除薄雾"的值提得很高，是因为场景的云雾比较多，画面显得雾蒙蒙的。

"清晰度"是一个景物轮廓级的清晰程度强化参数，可用于增强景物轮廓之间的明暗和色彩对比，从而提高画面的整体清晰程度。

"纹理"是一个像素级的清晰度强化参数。通过提高"纹理"的数值，可以增强像素之间的色彩差异和明暗对比，从而让画质显得更加细腻、清晰。

修掉顽固的暗角

　　本案例中，可以看到画面四周的角上是有暗角的，虽然不大，但却会有明显的干扰。可以打开"光学"面板，然后勾选"使用配置文件校正"复选框，此时可以看到画面四周的暗角得到了一定的校正，但仍然没有彻底消除。这时可以调整下方的"晕影"参数，这个参数被用来控制画面的暗角效果。

　　当向左滑动"晕影"滑块时，软件会恢复一些被消除掉的暗角。但对于本案例来说，暗角并没有彻底消除，所以要向右拖动滑块，进一步消除暗角。最终，通过这种调整，可以看到画面四周的暗角被彻底消除了，画面整体的明暗更加均匀、协调。

初步确定整体色调

在"编辑"界面中，单击切换到"颜色"面板。在该面板中可以看到多个参数，其中第一项是"白平衡"。

在"白平衡"参数的右侧有一个吸管图标，也就是白平衡工具。单击该吸管，此时鼠标指针会变成吸管形状。在使用这个工具之前，需要理解白平衡的原理。对于一张照片来说，白平衡调整是指要找到照片中的白色位置，然后以此为基准来还原和校准照片的色彩。

本案例中，原图的黄色稍稍有些重，并且有些偏红，因此稍稍降低色温与色调的值，让画面的色彩更清新一些，这样就确定了画面整体的色调。

提示：关于画面调色的知识，在后续章节中会详细介绍。此处调整白平衡，主要是为了确定画面整体的色彩基调。

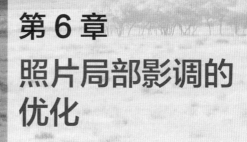

第 6 章
照片局部影调的
优化

照片全局调整只是确定了照片的基调，追回了一些细节和层次，真正提升照片表现力的环节在于局部调整。在 ACR 中，局部调整需要借助蒙版中的一些工具，对照片的局部进行提亮或压暗，从而提升照片的表现力。本章将讲解 ACR 的蒙版功能。

认识ACR的蒙版功能

之前已经确定了照片的整体基调和色调，并且追回了照片的层次和细节。但是，当前照片仍然存在一些问题，比如有一些局部光感不够，另外一些局部暗部不够黑，所以画面的层次不够丰富、立体。

单击界面右上角的"蒙版"按钮，切换到蒙版界面，在其中可以看到大量调整功能，如"主体""天空""背景""物体""画笔""线性渐变""径向渐变""范围""人物"等。下面主要讲解"画笔""线性渐变"和"径向渐变"。

直接单击"画笔"工具，可以创建画笔蒙版，对照片进行调整。

借助ACR的蒙版画笔压暗局部

　　选择"画笔"之后，将鼠标指针移动到要调整的区域，这里要压暗的是山谷部分，因为这一部分亮度还是有些高、发灰。在右侧的参数面板中降低"曝光"值和"阴影"值，稍稍降低"对比度"的值，为避免这片区域变为纯黑，可以稍稍提高黑色的值。适当提高画笔的"羽化"值，让涂抹区域与未涂抹区域的过渡更柔和自然一些。

　　在山谷树木区域涂抹，可以看到山谷区域变暗。

　　在上方的"创建新蒙版"面板中可以看到所使用的画笔生成了一个蒙版，蒙版下方的工具就是画笔。

添加新蒙版画笔压暗局部

　　使用 ACR 的蒙版对照片进行局部处理之后，在蒙版下方可以看到一个"添加"按钮和一个"减去"按钮。注意，这里的"添加"和"减去"按钮针对的是之前创建的蒙版，同一蒙版下不同工具的参数是完全相同的。

　　对于本案例照片来说，想要让长城背光的一面稍微暗一些，但是这个压暗的幅度要比之前山谷压暗的幅度小，所以就不能在"蒙版 1"下方进行添加。需要单击"创建新蒙版"，在打开的下拉列表中选择"画笔"

选项，然后向左拖动"大小"滑块缩小画笔直径，稍稍降低"曝光"值，在长城背光的一面进行涂抹，压暗之后，长城会显得更立体。

　　此时，在"创建新蒙版"面板中可以看到刚才创建的"蒙版 2"。

借助径向渐变制作光照效果

　　蒙版中的"径向渐变"适合制作一些椭圆形的区域。通常情况下，可以用"径向渐变"来模拟制作太阳光线照射的效果。

　　在本案例中，可以看到太阳光线是从画面的左上角照射的，所以再次单击"创建新蒙版"，选择"径向渐变"选项，在画面左上角创建一个椭圆形区域，调整这个区域的大小、倾斜角度和位置，模拟出太阳光照的区域。提高"曝光"值，稍稍提高"色温"值，因为太阳光线是微微偏暖的。经过这种调整，就制作出了太阳光照的效果。

　　此时，在"创建新蒙版"面板中可以看到刚刚创建的"蒙版 3"。

借助线性渐变调整局部

　　蒙版中的"线性渐变"可以针对类似于天空等相对比较规则的大片区域制作局部效果。在本案例中，已经制作了光照效果，此时，远景右侧稍稍有些亮，可以对其进行压暗，这样可以让画面的层次更丰富。

　　新建"蒙版4"，使用"线性渐变"从画面右上方向左下方拖动鼠标，制作一个线性渐变区域，稍稍降低"曝光"值，然后降低"色温"的值。通过这种调整，可以让画面层次更丰富。

协调画面并修复瑕疵

对于照片来说，首先进行全局的影调调整，之后进行局部的影调调整。这样，画面的影调处理和优化就完成了。退出"蒙版"界面，回到"亮"这组参数面板中，再次微调各种全局影调参数的值，让画面整体变得更协调。

最后在右侧选择"修复"工具，调整画笔大小，在画面中修复一些比较明显的污点或瑕疵。至此，这张照片的影调优化就完成了。有关后续调色的相关内容，在后续章节中将会进行详细介绍。

认识蒙版与调整图层

下面讲解如何借助 Photoshop 对照片进行局部调整。

在 Photoshop 中打开要处理的照片，在右侧的调整面板中单击"曲线"图标，可以创建一个曲线调整图层，以及一个名为"属性"的曲线调整面板。注意，在"图层"面板中，曲线调整图层由两部分构成，左侧为一个"曲线"图标，对应的就是这个"属性"面板，右侧是一个白色的蒙版。

接下来在曲线上单击创建锚点，选中锚点并向下拖动可以压暗照片（向上拖动则可以提亮照片）。压暗照片之后，可以发现"图层"面板中的白色蒙版不起任何作用，这种白色蒙版是透明的，附着在曲线调整上，显示出曲线调整的效果。这样，就完成了对照片的压暗处理。

借助选区和蒙版调整局部明暗

接下来对照片进行局部调整。首先在"图层"面板中选中"背景"图层，然后打开"选择"菜单，选择"主体"命令，这样可以为主体人物创建选区。用鼠标单击选中白色的蒙版，在工具栏中将前景色设为黑色，然后按"Alt+Delete"组合键，为选区内的部分填充黑色。填充黑色之后，可以发现人物部分还原出了没有压暗的效果。由此可知，白色蒙版不会遮挡所在图层的调整效果，而黑色蒙版则会遮挡所在图层的调整效果，这是蒙版最主要的作用。它通过黑白的变化来限制要调整或不调整的区域。

调整图层：摄影修片的主要手段

接下来再来看另外一个案例。观察原照片，会发现画面中散射光的对比度比较低。画面中间上方有隐约的光源，而左侧中间部分背光的树木亮度比较高，前景岩石的背光面亮度也过高，这就导致中景层次不够丰富，前景不够立体。

创建曲线调整图层，向下拖动曲线，对全画面进行压暗。然后单击曲线面板右上角的向右双箭头收起面板。这样，就实现了对全图的压暗处理。

用黑蒙版进行局部调整

要进行压暗处理的，主要是中景的一些背光区域，以及前景岩石背光区域的亮度。现在单击选中蒙版图标，然后按"Ctrl+I"组合键对蒙版进行反相，变为黑蒙版。变为黑蒙版之后，它就会遮挡所在图层的调整效果。可以看到，调整效果被遮挡之后，照片显示出了原照片的亮度。

设置前景色，用画笔调明暗

在工具栏中选择"画笔工具"，将前景色设为白色，在英文输入法状态下按向左或向右的中括号键调整画笔的直径，降低画笔的不透明度和流量，准备对照片行调整。这种调整主要是在一些应该压暗的位置进行涂抹，这种涂抹会还原出这些位置的压暗效果。

设置前景色或背景色时，可以单击前景色或背景色，在打开的"拾色器"对话框中进行选择。将鼠标直接拖动到中间色块的左上角，可以设定前景色为白色（拖到左下角就可以设定为黑色），然后单击"确定"按钮即可。

调整画笔大小，在背光的位置进行涂抹，从蒙版图标上可以看到涂抹的位置会变白，照片中的这些涂抹区域就会还原出调整图层的压暗效果。所以，蒙版中变白的位置，在图片中的对应区域是会变暗的。

创建调整图层，提亮局部

　　对于过暗的位置，可以创建曲线调整图层，向上拖动曲线对画面进行提亮，然后按"Ctrl+I"组合键对蒙版进行反相，遮挡提亮效果。然后，按照之前所讲的画笔的设置方法，在需要提亮的位置涂抹，还原出调整图层的提亮效果即可。

在Photoshop中对比调整前后的效果

通过这种提亮或压暗，就实现了对照片局部的精确调整。

在 Photoshop 中，可以按住"Alt"键并单击"背景"图层前的小眼睛图标（显示图层可见性），这样可以隐藏上方所有的图层，显示出原始照片的效果；之后按住"Alt"键并再次单击"背景"图层前的小眼睛图标，可以显示出所有调整图层的效果。

对比调整前后的效果，会发现调整之后的画面整体看起来更加立体。

认识减淡工具与加深工具

在 Photoshop 中，对照片的局部进行提亮和压暗，还有两个非常好用的工具——减淡工具和加深工具。减淡工具用于提亮照片的局部，加深工具则用于压暗局部。

在 Photoshop 中打开原始照片，可以发现这张照片前景的树木亮度明显不匀，有一些局部区域色彩失真；远处建筑的受光面亮度不够，导致画面层次显得不够丰富。这些问题都可以通过减淡工具和加深工具进行调整。

利用减淡工具提亮局部

首先提亮不够亮的建筑受光面。

选择减淡工具，准备对照片进行局部的提亮。因为这种提亮会直接改变照片的像素，所以先要按"Ctrl+J"组合键复制图层，对上方图层进行调整，下方图层用于备份。

注意，选择减淡工具后，打开上方工具选项栏中的"范围"下拉菜单，选择"中间调"选项。为什么呢？因为远处建筑受光面并非是最亮的高光位置，它是一般亮度位置，所以要选择"中间调"。还要注意，如果后面的"曝光度"值过大，那么照片中涂抹的痕迹会非常重，从而导致画面失真，所以要将"曝光度"的值调得低一些。

缩小画笔，然后在远处建筑的受光面上涂抹，让这部分的光感更强烈一些。

利用加深工具修复局部乱光（1）

　　对于前景树木明暗不匀、过于杂乱的问题，可以选择"加深工具"，"范围"依然设定为"中间调"，缩小画笔。首先，在前景处明暗不合理的位置涂抹，将小范围的局部影调调整合理，这里主要是压暗右下角明显失真的树木。

　　之后，放大画笔，快速在整个前景树木区域涂抹，这样前景部分会变得更干净，明暗更统一。

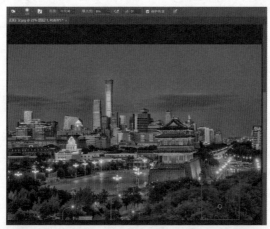

利用加深工具修复局部乱光（2）

　　画面中的灯光很多，但实际上有些灯光没有必要太亮，否则会干扰近处的古建筑和远处的现代化建筑的表现力。

　　因此，选择"加深工具"，将"范围"设定为"高光"，然后在这些高光位置进行涂抹，将灯光的亮度稍微压暗。

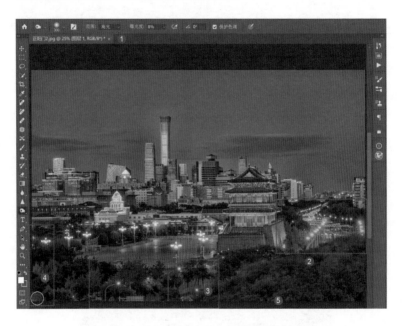

利用曲线强化照片通透度

　　提亮或压暗局部会让画面局部的影调更合理，画面更干净，代价就是画面整体的通透度会下降。这时可以创建一个曲线调整图层，轻微提亮曲线的亮部，然后将暗部还原到初始位置，通过这条起伏非常平缓的 S 形曲线，可以强化画面的反差，让画面整体显得更通透。

　　最后拼合图层，将照片保存起来就可以了。

第 7 章
色彩的由来与
色彩三要素

本章与大家一起来了解色彩三要素，以及色彩三要素在摄影创作中的应用。

色彩产生的源头

　　自然界中有很多波，光波是其中的一种，也就是人们常说的太阳光等光线。可见光是一种白色（也可以说是无色）的光波，但经过实验可以发现，这种可见光其实又是由红、橙、黄、绿、青、蓝、紫等 7 种不同色彩的光波根据波长不同、按照一定顺序混合而成的。

　　光是一种波，在传输过程中遇到物体时会发生反射或折射等现象。让一束日光光线通过一面三棱镜，原本的无色光（也可以理解为白光）会经过三棱镜内部的折射分离出红、橙、黄、绿、青、蓝、紫 7 种颜色的光线，这主要是因为组成日光光线的这 7 种光谱的折射率不同。

　　太阳光线照射自然界中的万事万物，就产生了不同色彩。虽然并不太准确，但可以大致这样认为，太阳光线是自然界色彩产生的源头。

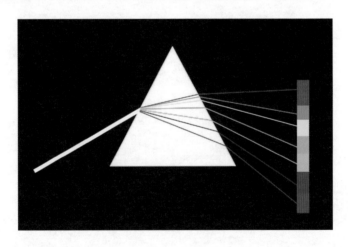

色彩的识别

人们会看到景物呈现出不同的颜色，主要是因为景物反射了相应颜色的光线，而吸收了其他颜色的光线。例如，看到景物呈现青色，是因为景物反射了青色的光线。

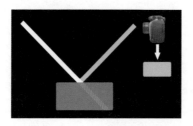

提示：需要注意的是，如果一种景物不吸收自然光中的任何一种光谱色，而是全部反射，那么人眼所看到的景物颜色便为白色。

案例照片中，没有色彩的白色部分，表示全部反射了入射光线，而黑色部分则表示几乎吸收了所有光线。

伪色是如何产生的

自然界中，可见光只占各种光谱的很小一部分，而 X 射线、紫外线、雷达波等不可见光则占据了光谱的更大部分。

傍晚时分，太阳透过厚厚的云层，有时会显示出除正常色之外的一些伪色，有一些伪色就是由红外、紫外等光所导致的。

提示：在摄影领域，我们常说的伪色，通常是指相机在所拍摄的照片画面中呈现出的一些人眼看不到的色彩。

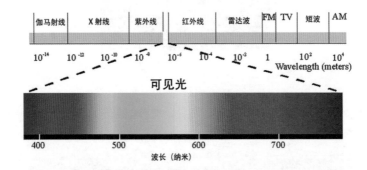

什么是有彩色

　　有彩色也被称为彩色，是指红、橙、黄、绿、青、蓝、紫等颜色，以及这些颜色混合得到的各种混合色调。这些颜色都具有明确的色相，并且可以通过不同的明暗和纯度来表达。有彩色具有丰富的色彩表现力和视觉效果，可以通过调整色相、纯度和明度来创造出各种不同的色彩效果，从而满足人们在艺术、设计、传媒等领域的不同需求。

　　在摄影领域，不同的有彩色可以产生不同的情感与心理暗示。比如，要拍摄一种比较浪漫、唯美的人像，那么可以让人物身着浅色的衣服，在这种粉红色的场景中进行拍摄，最终营造出一种非常浪漫、少女感爆棚的画面效果。

什么是无彩色

　　无彩色也被称为非彩色或中性色，是指那些不具备光谱色彩（红、橙、黄、绿、蓝、紫等）的颜色，主要包括黑、白、灰，以及金、银等。这些颜色的共同特点是色彩饱和度为零，也就是说，它们几乎没有颜色。

　　无彩色的主要特点如下。

　　（1）无彩色以其简洁、纯净的特性，给人以清晰、明确的感觉。在设计中，无彩色往往能够突出主题，使设计更加清晰易懂。即将观者的注意力放在画面所呈现的内容上，而不会受到色彩的干扰。

　　（2）无彩色与其他任何色彩都可以很好地搭配，不会产生强烈的对比或冲突。这使得无彩色在设计中具有很高的调和性，能够使整个设计更加和谐统一。另外，无彩色能够适应各种环境和使用场景，无论是明亮的室内环境还是暗淡的室外环境，无彩色都能够很好地融入其中，不会显得突兀或不合适。

　　（3）情感表达。虽然无彩色本身没有强烈的色彩情感，但它们可以通过与其他色彩的搭配，以及明暗、大小等视觉元素的运用，表达出不同的情感氛围。例如，黑色可以表达沉稳、庄重的感觉，白色则可以表达清新、简洁的感觉。

色相的概念与用途

光产生色，即色彩，而每一种色彩都同时具有 3 种基本属性，即色相、纯度和明度。

色相是指色彩的倾向，即人们所称的红、橙、黄、绿、青、蓝、紫等不同的色彩，是区分色彩的主要依据。色环显示了人们经常见到的色相集合。

一张照片可能包含大量的色相，除上述常见的色相，还会有黑色、白色和灰色等，但需要注意的是，黑色、白色及灰色并不是色相。

摄影创作中，不同的色相可以表达特定的情感或心理暗示。

比如红色代表着吉祥、喜气、热烈、奔放、激情，紫色通常是高贵、美丽、浪漫、神秘、孤独、忧郁的象征，其他各种不同色相也会呈现出一些特定的情绪。并且还要注意，不同文化中，色彩所呈现的情感也会有所差别，如中国的红色可能传达喜庆、传统的信息，但西方文化中的红色可能就没有这个寓意。所以在选择色相时，还应该注意文化元素。

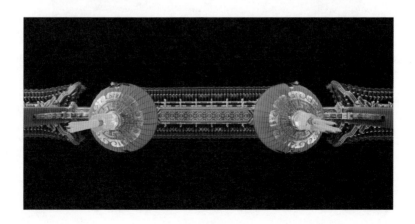

纯度的概念与用途

　　纯度也称为饱和度，两者是同一个概念，至少在色彩领域是没有区别的。并且在摄影圈里，大家对"饱和度"这一概念的认知程度肯定是更高一些。

　　虽然大家的认知程度不高，但用纯度来描述色彩也是很贴切的，因为色彩饱和度的高低就是由色彩加入消色（灰色）成分的多少来界定的。在色彩中不加入消色成分，色彩自然是最纯的，饱和度也最高；加入消色成分越多，则色彩也就越不纯，即饱和度也就越低。

　　从示意图可以看到，色彩饱和度自上而下开始变低，也是因为自上而下掺入的灰色开始变多的缘故。

　　案例照片中，天空中的橙色等暖色调饱和度就很高，而地景中的蓝色饱和度较低。

明度的概念与用途

色彩三要素的最后一个概念是明度，顾名思义，是指色彩的明亮程度，也可以说是色彩的亮度。在色彩中加入灰色，会让色彩饱和度降低，那么如果加入黑色或是白色呢？同样的，饱和度也会降低，除此之外，色彩的明暗程度也会发生变化，这就是下面要介绍的明度。

下面的左侧示意图中间一行列出了红、橙、黄、绿、青、蓝、紫这7种色彩。每种色彩加入白色（图中向上的变化），色彩明显变亮了；如果加入黑色（向下的变化），色彩变暗了。这就是色彩明度（亮度）的变化。

将左侧示意图转为右侧的灰度图，此时就会发现：黄色的亮度最高，青色的亮度稍低，橙色和绿色的明度再次之，其他色彩的亮度就更低了。最后经过仔细对比，可以发现色彩的明度由亮到暗依次是黄色、青色、绿色、橙色、红色、紫色、蓝色。

知道了明度的概念后，想要让照片变得明亮、干净，取景时就要多取一些黄色、青色的景物；如果要让照片晦暗点，就应该以蓝色、紫色的景物构建画面。

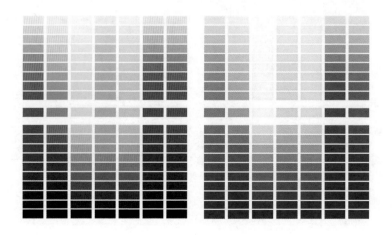

119

高饱和度的画面情绪与质感

在数码照片中，高饱和度的景物往往能给人强烈的视觉刺激，很容易吸引人们的注意力。低饱和度的景物给人的感觉会平淡很多，不容易引起观者的注意力。

在数码后期领域，常见的一种修片思路就是提高主体的饱和度，而适当降低其他景物的饱和度，利用饱和度的对比强化主体的视觉效果。人物衣服的饱和度较高，而背景水面及天空的饱和度偏低，这样有利于突出主体人物的形象，使其在画面中更醒目。

高饱和度的摄影作品除了能够快速吸引观者的注意力，还有利于情绪的表达和氛围的酝酿。低饱和度不利于表现画面的一些情绪，但由于色彩的干扰比较小，可以呈现更丰富的细节和层次，从而有利于强化画面的质感。

案例照片中，高纯度的山体给人的视觉印象是非常强烈和醒目的，而天空、水面等纯度并不算太高的区域则起到了很好的陪衬作用。

低饱和度的画面情绪与质感

　　"低饱和度的画面更高级、更有质感。"这种观点有一定的道理，但并不是绝对的，在某些特定情况下，要合理控制不同景物之间的饱和度差别，最终让画面呈现出更理想的色彩效果。

　　第一张案例照片的色彩饱和度非常高，画面给人的印象是非常深刻的，能够一下子抓住观者的视线。第二张案例照片的饱和度就比较低，整体画面显得非常恬静，给人舒适的感觉，是一种低饱和度的、内敛的情绪氛围。

明度的运用与画面影调的变化

如果照片中运用了大量明度比较高的色彩，如青色、黄色，甚至是无彩色的白色和浅灰色，并且提高了画面整体的曝光值，那么就容易营造出一种高调的画面效果。如果照片中运用大量明度较低的色彩，甚至是无彩色的黑色和深灰色，并且降低曝光值，则容易营造出低调的画面效果。无论高调还是低调，除了曝光值的影响因素之外，还应该结合照片中画面构成元素的色彩明度高低来实现。

对于绝大部分的照片来说，画面整体的色彩明度往往都是比较适中的。大部分情况下，人们所见到的照片都是中间调效果。

红外摄影：低通滤镜与红外滤镜

　　大家已经知道，自然界中的红、橙、黄、绿、青、蓝、紫等可见光实际上只占据太阳光谱的极少数或者是很窄的一个波段，可见光之外的紫外区、红外区等是人眼不可见的，但相机却能够捕捉这些光线，最终导致拍摄的照片色彩出现非常奇怪的颜色。为了解决这个问题，相机厂商在成像的感光元件之前加了一片 ICF（Infrared Cut Filter，红外截止滤光片）。这种滤光片被安装在相机的镜头和感光元件之间，其主要作用是阻拦红外线，透过可见光，以确保数码相机的正常拍摄，防止因红外线干扰而产生偏色，最终拍摄出色彩正常的照片。

　　提示：要注意，ICF 不仅阻挡红外线，也会阻挡一部分可见的红色光波。

不同波长红外滤镜的实拍色彩

如果将相机感光元件之前的 ICF 变为红外滤镜，或者在镜头前加装红外滤镜，允许红外光线参与感光成像，那么会拍到什么色彩的画面呢？实际上，这就实现了通常所说的红外摄影效果，拍摄出的照片呈现出非常梦幻或单色的效果。

一般来说，可见光谱的范围是 380nm ～ 780nm，而红外光谱的范围是 760nm 及以上。由此，厂商设计了 590nm、630nm、680nm、720nm、760nm、850nm、950nm 等不同规格的红外滤镜，用于实现红外摄影效果。

例如，850nm 红外滤镜的功能是可以阻止 850nm 波段以下的光线进入，只允许比 850nm 波段高的红外光进入，这样就阻挡了可见光和低于 850nm 波长部分的红外线参与成像，那么拍出来的画面就会是单色或接近单色的状态。而 630nm、680nm、720nm 的红外滤镜可以允许一部分可见光进入，与红外光混合成像，因此可以拍摄出有趣的彩色、半红外照片。850nm、950nm 的红外摄影滤镜拍摄的是纯粹的红外照片，适合后期转换为黑白效果。

850nm 红外滤镜的画面效果

680nm 红外滤镜的画面效果

天文改机拍星空

　　在星空摄影领域，天空中许多星云、星系发出的光线波长都集中在 630nm ～ 680nm，光线本身就是偏红色的。但红外截止滤镜的存在会使这些波段的透过率低于 30%，甚至更低，这就会导致拍摄的照片中星云、星系的色彩魅力无法很好地呈现出来。这也是用普通相机拍摄星空，里面很少有红色的原因。

　　为了表现星云、星系等的色彩效果，热衷于星空摄影的爱好者就会对相机进行修改，称为改机。主要是将机身感光元件，也就是 CMOS 前的红外截止滤镜移除，更换为 BCF 滤镜。

　　改造之后的感光元件可对 650nm ～ 690nm 波段的近红外线感光，让发射型星云等呈现出原本的色彩。

　　提示：改机拍摄的后果是所成的像整体偏红，后期需要进行白平衡调整，才能让画面整体呈现出更准确的色彩。

第 8 章
色彩的相互关系及应用

本章将介绍不同色彩之间的相互关系，以及这些关系在摄影创作中对于画面的影响。

色环的构建与分析

　　大家都知道，可见光谱是长条形的色彩序列。如果将可见光谱的色彩序列首尾连接在一起，也就是将红色连接到另一端的紫色，便构建成了色环。色环上的颜色按照一定的顺序排列，从红色开始，经过橙色、黄色、绿色、青色、蓝色、紫色，最后回到红色，形成一个闭环。

　　这种排列方式使得色环上的颜色呈现出一种连续的变化，方便人们进行颜色搭配和调色。

　　色环还可以用来分辨各种色彩之间的相互关系，如后面将要讲解的同类色、相邻色、互补色等。色环是一种非常有用的工具，它可以帮助人们更好地理解和应用颜色，使色彩搭配更加和谐、美观。

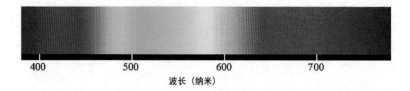

400　　　　　　500　　　　　　600　　　　　　700

波长（纳米）

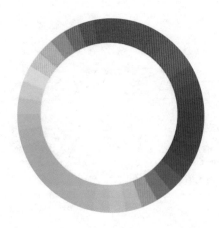

同类色：干净、协调的配色

以同一种颜色来构建照片，画面中的景物或元素间的色彩差别只是在于明度，如大红、深红、浅红、土红等，这种配色称为同类色配色，即同一种颜色的不同明暗，也可以说是颜色深与浅的区别。

同类色在视觉上给人的感觉差别不是很大，在视觉上看上去非常和谐，也不会让人有任何突兀的感觉。在观察同类色时，可以先确定一种基色，然后与基色夹角不超过 15° 的色彩，便是基色的同类色。例如，如果以红色为基色，那么橙色便是红色的同类色；如果以橙色为基色，橙黄色则是橙色的同类色。同类色配色的画面看起来非常干净、协调。

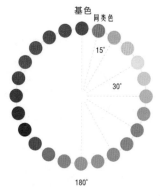

类似色：稳定、协调的配色

色环上夹角为 30°的色彩为类
似色。类似色的色相对比不强，配
色的感觉与同类色差不多。

使用类似色配色的画面，色彩
之间不会互相冲突，可以营造出稳
定、平和的氛围。具体在构建画面
时，为了让色彩整体显得更平衡，
建议类似色的饱和度要相近一些。

橙色与黄色为类似色，这种色
调搭配，最终让画面的配色显得非
常稳定。

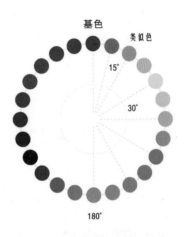

相邻色：和谐、自然的配色

有些照片的配色会让人们感觉反差很大，视觉冲击力很强，而另外一些配色则会让人感觉非常协调、自然。

在色环中，夹角为 60°的颜色称为相邻色配色，如红色与黄色、黄色与绿色、绿色与蓝色、蓝色与紫色等。相邻色的特点是颜色相差不大，区别不明显，摄影时取相邻色搭配，会给观者以和谐、自然的感觉。

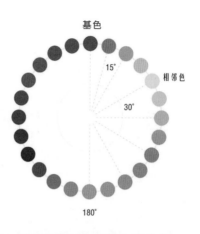

中差色：富有张力的配色

中差色是指色环上夹角为90°的色彩组合。比如红色与绿色、绿色与蓝色等，这些色彩两两互为中差色。对于中差色配色的画面来说，因为色相差比较明确，色彩的对比效果变得更明显一些，但这种对比又不是具有强烈反差的强对比。综合来看，中差色的画面，色彩层次清晰、丰富，具有较强的张力，给人以丰富的想象空间。

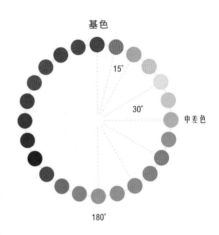

案例照片中，绿色的植物与蓝色的天空互为中差色，两者之间的色彩差别是比较明显的，这种画面的色彩层次比较清晰。

对比色：具有强烈反差的配色

当色环上色彩之间的夹角在 120°左右时，色彩之间的反差和对比是比较强烈的，这样的色彩被称为对比色。对比色配色会让画面产生比较强的视觉冲击力。

案例照片中，橙色与蓝色互为对比色，画面具有较大反差，视觉效果强烈。

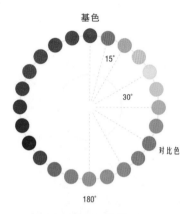

互补色：对比最强烈的配色

色环上任意一条对角线两端的颜色，是互为互补色的，两者夹角约为 180°。例如，从色环中可以看到，黄色与蓝色为互补色，红色与青色为互补色，绿色与洋红为互补色等。

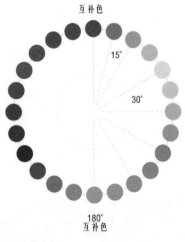

互补的两种色彩，是对比色的一种，但比一般的对比色的对比效果更强烈，也就是说画面的视觉冲击力更强一些。例如，蓝色与黄色为互补色，这种配色的照片画面会有很强的视觉效果。

案例照片中，洋红与绿色是一种常见的互补配色，这种配色在拍摄花卉时非常常见，是一种强烈的色彩互补与对比。

暖色调：温暖或热烈的氛围

除了同类色、相邻色、中差色和对比色外，色彩之间还有另外一种关系，就是冷暖。有关色彩的冷暖也非常容易区分和记忆，红、橙、黄等色彩为暖色调，绿、青、蓝等为冷色调，从色环中也可以看到，冷暖的划分是很明显的，黑线以上部分为暖色调，以下部分为冷色调。

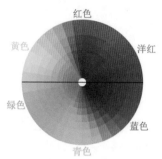

暖色调照片容易表现出浓郁、热烈、饱满的情感，还可以表现出幸福、丰收等感觉。冷色调照片有时会让人感觉到理智、平静，最典型的如蓝色调照片，但在摄影时如果运用不合理，就会容易让人产生压抑、沉闷的感觉。

案例照片为暖色调的照片，能让人感觉到非常炙热的情感。

冷色调：宁静或清冷的氛围

冷色调是使人产生凉爽感觉的绿色、蓝色、紫色，以及由它们构成的色调。冷色调的亮度越高，越偏清冷。冷色调的颜色在视觉上有收缩的作用，也被称为收缩色和后退色，同时，冷色调也有使空间开阔、通透的效果。

在色彩心理学中，冷色调象征着森林、天空、大海等自然景象，这些景象常常与宁静、深远、清新等感受联系在一起。因此，冷色调通常能够带给人安静、凉爽、开阔、通透等心理感受。此外，冷色调也被认为是一种使人感到镇静、清爽、遥远的颜色，因此，在需要冷静思考或者放松身心时，使用冷色调会有一定的帮助。

冷暖对比色调的重点

　　如果照片画面中同时存在明显的冷色调和暖色调，那么会形成冷暖对比的效果。冷暖对比能够让照片的视觉效果变得更好，视觉冲击力更强，但要表现这种冷暖对比的画面效果，建议在取景时以大片的冷色调与小面积的暖色调进行对比，这样视觉效果更好。

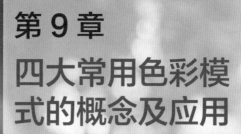

第 9 章
四大常用色彩模式的概念及应用

　　本章将介绍四大常见的色彩模式，具体包括它们的概念，以及在摄影后期中的一些实际应用，这对于后续的摄影后期调色实战有一定的帮助。这四大色彩模式分别为 HSB 模式、RGB 模式、Lab 模式和 CMYK 模式。

查看四大色彩模式

在 Photoshop 主界面中，单击工具栏中的前景色或背景色，可以打开"拾色器"对话框，在其中可以看到面板右下角的四大色彩模式：HSB 模式、RGB 模式、Lab 模式和 CMYK 模式。

HSB色彩模式

　　HSB 色彩模式即色度、饱和度、亮度模式。这种色彩模式其实就是以色彩三要素为基础构建的色彩体系，其中 H 为 Hue，表示色相，S 为 Saturation，表示饱和度或纯度，B 为 Brightness，表示色彩的明亮度。

　　"拾色器"对话框中间的竖向色条，针对的是不同的色相，上下拖动两侧的三角标，可以改变色相。在左侧的方形色块内可以改变所选色相的饱和度、明亮度这两项参数。

　　在右侧可以观察 HSB 这 3 项参数，比如将色相条两侧的三角标拖动到接近于最上方的位置，可以看到色相的参数变为了 349 度，这个色相条实际上就是将色环图展开所得到的。色相位置的标记依然是以圆周的角度来进行标注的。最下方的红色为 0 度，一直延伸到最上方，逐渐过渡到 360 度。

设置前景色与背景色

通过单击前景色或背景色进入"拾色器"对话框后，在对话框的中间位置定位到色条最上方的纯红色，可以看到色相为 0 度，在左侧的色块上

单击中性灰位置，在右侧的参数面板中可以看到红色的色相为 0 度，其中饱和度和明亮度均为 50%，设定好之后单击"确定"按钮，这样就设定了前景色或背景色的色彩。

当然，也可以为前景色或背景色设定其他色彩。

RGB色彩模式

接下来再看 RGB 色彩模式。依然是打开"拾色器"对话框，选择红色色相，单击左侧色块区域的左下角，此时在右侧可以看到 R、G、B 这 3 个值均为 0，即将参数调到最低，则它们混合之后的效果是纯黑。

将红色的值调到 255，可以在左侧的色块中看到定位的位置为纯红色，并且其明亮度和饱和度都是最高的。与此同时，绿色和蓝色的值均为 0。

将光标定位到左侧色块的左上角，即纯白色的位置，从参数中可以看到 R、G、B 的值均为 255，也就是三原色叠加可以得到白色，这说明了 RGB 是一种加色模式。有关加色与减色模式的相关知识，在本章最后将进行详细介绍。

Lab色彩模式

　　Lab 是基于人眼视觉原理而提出的一种色彩模式，理论上它概括了人眼所能看到的所有颜色。在长期的观察和研究中，人们发现人眼一般不会混淆红与绿、蓝与黄、黑与白这 3 组共 6 种颜色，这使研究人员猜测人眼中或许存在某种机制用于分辨这几种颜色。于是有人提出可将人的视觉系统划分为 3 条颜色通道，分别是感知颜色的红绿通道和蓝黄通道，以及感知明暗的明度通道。这种理论很快得到了人眼生理学的证据支持，从而得以迅速普及。经过研究人们发现，如果人的眼睛中缺失了某条通道，就会产生色盲现象。

　　1932 年，国际照明委员会依据这种理论建立了 Lab 颜色模型，后来 Adobe 将 Lab 模式引入到 Photoshop 中，将它作为颜色模式置换的中间模式。因为 Lab 模式的色域最宽，所以其他模式置换为 Lab 模式时，颜色没有损失。实际应用中，在将设备中的 RGB 照片转为 CMYK 色彩模式准备印刷时，可以先将 RGB 转为 Lab 色彩模式，这样不会损失颜色细节，最终再从 Lab 转为 CMYK 色彩模式，这也是之前很长一段时间内，影像作品印前的标准工作流程。

　　一般情况下，人们在计算机、相机中看到的照片绝大多数为 RGB 色彩模式，如果这些 RGB 色彩模式的照片要进行印刷，就要先转为 CMYK 色彩模式。以前，在将 RGB 转为 CMYK 模式时，要先转为 Lab 模式过渡一下，这样可以降低转换过程带来的细节损失。而当前，在 Photoshop 中可以直接将 RGB 转换为 CMYK 模式，中间的 Lab 模式过渡在系统内部自动完成了，用户看不见这个过程（当然，转换时会带来色彩的失真，可能需要用户进行微调校正）。

Lab色彩模式下的通道

打开照片后，打开"图像"菜单，选择"模式"—"Lab 颜色"命令，将照片转为 Lab 模式，然后切换到"通道"面板，可以看到有 Lab、明度、a 和 b 共4 个通道。

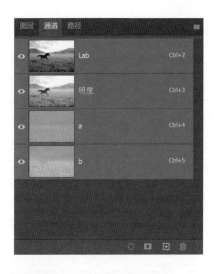

其中，a 通道对应红和绿色，b 通道对应蓝色和黄色。在 Lab 模式下使用曲线调整，向上拖动 a 通道的曲线，照片会变红，向下拖动则会变绿；向上拖动 b 通道的曲线，照片会变黄，向下拖动则会变蓝。

通过这种方式也可以对照片进行快速调色。

CMYK色彩模式

下面介绍 CMYK 色彩模式的概念及特点。

打开"拾色器"对话框，在右下角可以看到 CMYK 色彩模式的参数信息。至于左侧的色彩窗口，以及色条与其他的色彩模式没有区别。

所谓 CMYK，是指三原色的补色，再加上黑色，共 4 种颜色，分别为红色的补色青色，英文 Cyan，首字母 C；绿色的补色洋红，英文 Magenta，首字母 M；蓝色的补色黄色，英文 Yellow，首字母 Y；黑色的英文为 Black，但为了与首字母为 B 的蓝色相区别，这里取 K 字母；最终简写为 CMYK 色彩模式。

在 RGB 色彩模式下，三色叠加可以得到白色，这是一种加色模式；CMYK 这几种色彩的颜料印在纸上，最终叠加出黑色，是一种越叠加越黑的效果，因此也被称为减色模式，主要用于印刷领域。

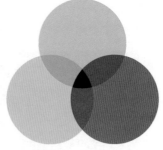

印刷中的单色黑与四色黑

对于一般的摄影爱好者来说，可以大致了解一下减色模式中的黑色。这里会涉及单色黑和四色黑的问题。

首先在"拾色器"对话框的右下角将 K 值，也就是黑色的值设定为 100%，但观察左侧的色彩框，可以看到黑色并没有变为纯黑，也就是说这种单色的黑其实并不够黑，印刷出来也是不够黑的。

只有将 CMYK 这 4 个值都设定到最高的 100%，才可以得到更黑的效果。在冲洗一些照片的黑白效果时，通常使用四色黑。

当然，设定为四色黑会更费油墨一些，但表现出来的效果却最好。

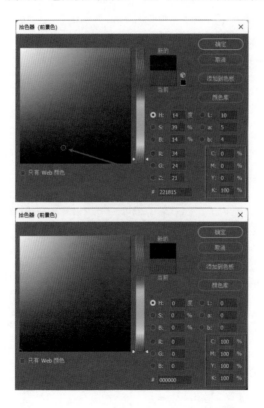

RGB转CMYK后的调整

在后期修图时，如果照片涉及要印刷的情况，需要将照片转为 CMYK 模式。照片由 RGB 模式转为 CMYK 模式时，照片的饱和度整体会变低，对比度也会变低，画面整体会变得灰蒙蒙的，不够理想。

通常情况下，照片转为 CMYK 模式之后，需要对照片进行简单的调色，让照片重新变得好看一些。

具体操作时，在 Photoshop 中选中 RGB 色彩模式的照片，打开"图像"菜单，选择"模式"中的"CMYK 颜色"命令，将照片转为 CMYK 色彩模式，准备对照片进行印刷。此时软件会弹出提醒框，直接单击"确定"按钮即可。

照片被转为 CMYK 模式后，画面的通透度下降，色彩表现力变差。这时就要借助色阶、曲线等调整工具对照片的对比度进行提高，优化照片的影调层次；接下来再稍稍提高照片的饱和度，让照片整体的效果更好一些。

实际上照片转为 CMYK 模式后，很难再将照片恢复到 RGB 模式的色彩效果，只能尽量优化照片效果，让照片整体更鲜亮、更好看一些。

RGB与CMYK，加色与减色

　　下面介绍摄影后期处理中比较重要的一个知识点，即在后期实战中要注意加色与减色模式对照片的影响。

　　打开加色与减色模式的三原色图，可以看到在加色模式下，也就是 RGB 模式下，多种颜色叠加，会叠加到白色，即越叠加越亮，因此被称为加色。而在减色模式下则越叠加越黑。

　　在减色模式下，CMY 这 3 种色彩两两叠加可以得到三原色；三原色两两叠加可以得到 CMY 这 3 种颜色，这是它们的相互关系。

　　在此，可以得出一个结论，一个很多人可能都忽视的结论，就是在后期处理时如果将色彩向 RGB，即添加三原色的色彩，那么照片是会变亮的；如果向照片中添加 CMY，那么照片整体会变暗一些。因此，在调色时要注意这种加色与减色调整对照片明暗的影响。

光学（加色）三原色

印刷（减色）三原色

减色的调色效果

　　下面通过对具体的照片进行调色来理解加色与减色的影响。

　　想要让背景的黄色减弱一些，创建可选颜色调整图层，将颜色通道设为黄色，然后增加青色和洋红的比例，就相当于降低了红色和绿色的比例，也就是降低了黄色的比例。

　　此时可以看到，背景中黄色的比例得到了极大的降低，但如果观察照片画面就会发现，背景整体变暗了很多。这样，就可以验证之前所讲的知识点，为照片添加 CMY 这 3 种色彩，照片会变暗。

加色与减色的综合运用

要减弱黄色，还可以通过拖动黄色滑块来实现。因此先将青色和洋红滑块恢复到原始位置，然后直接降低黄色的比例，可以看到照片的黄色得到减弱。

现在观察当前画面，与之前的效果相比，背景中黄色的比例得到降低。但是通过减弱黄色得到的效果明显比减弱红色与绿色得到的效果更亮一些，再次验证了之前所提出的结论，将色彩向三原色的方向调整，效果会明显变亮。

因此，如果想要得到背景不是黄色，但照片不变亮，可以适当增加青色和洋红；为了避免照片变暗，适当降低黄色的比例。这样就通过减色和加色的同时调整，维持了背景的亮度不变。

这也是为什么很多摄影高手在进行调色时，明明只使用一种参数就可以实现调色效果，却要运用多种参数，其实主要就是为了通过加色与减色的综合调整，让照片在色彩发生变化时，维持原有的明暗亮度。

第 10 章
决定成败的色彩美学

　　本章将介绍一些摄影后期调色中的配色理论和色彩美学规律。

　　绝大多数情况下，相机直接拍出的照片或多或少都会有一些色调问题，往往需要经过后期调色，才能让照片的色调更符合色彩美学，给人美的感受，并真正符合摄影师的创作意图。

色不过三与主色调

关于摄影的色彩美学，首先应该知道的一条美学规律是"色不过三"。从字面意思来说，是指一张照片不宜超过 3 种色调。但实际上很多照片画面都有非常多的色相，远不止 3 种，那是否与"色不过三"的美学规律相悖呢？其实并非如此，这里所谓的"色不过三"，是指画面的主要色调不超过 3 种。

当出现多种色相时，要对画面进行调色，让很多次要的色相融入主色调的成分，与主色调协调起来，让画面以一种主色调的方式来呈现。之后这些次要的色相可作为辅助色或点缀色的形式出现，并要受到主色调的影响。比如在日出时拍照，霞光会让画面变暖，那么这张照片的橙色成分就比较多，所以以橙色作为主色调，照片中一些绿色或蓝色的元素，在其中会混入橙色的成分，从而与整体的主色调也就是橙色相协调，最终让画面变得干净，这是"色不过三"的具体含义。

来看案例照片，如果分析其中的色相，可以看到红色、褐色、绿色和蓝色等，但实际上这张照片的色彩给人的感觉依然是比较干净的，因为这张照片整体的主色调就是蓝灰色这一种主色调。其中，红色等其他颜色都混入了蓝色的成分，与整体的主色调比较协调，并作为一些点缀色出现，丰富了画面的色彩层次。

单色配色与无彩色

一般来说，摄影作品的色调可以分为多种情况，包括单色配色、双色配色、三色配色及多色配色等。

所谓单色配色，是指整个照片画面只有一种色调，主色调就是这一种色调，画面中几乎没有其他色相的元素，画面整体非常干净。因为只有一种色调，要想表现更丰富的层次，就只能通过这种单一色调的饱和度、明亮度的差别来进行强化。如果照片色调的饱和度或明亮度的差别比较小，那么画面会缺少层次感。

当然也要注意，即便是单色配色，照片中也要留有一些无彩色的区域进行点缀。通常情况下，暗部适合作为无彩色区域。这样，画面整体的层次会更好，照片才不会给人饱和度过高、发腻的感觉。

所谓无彩色，是指某一些景物没有明显的色彩，接近于中性灰。

来看案例照片，橙色是主色调，也是橙色的单色配色。照片暗部属于无彩色区域，与橙色的主色调进行搭配。另外，天空与水面的橙色既有明亮度的差别，也有饱和度的差别，从而让画面呈现出比较丰富的层次，不会给人枯燥乏味的感觉。

双色配色的画面控制

双色配色是指照片画面中有两种主要的色调进行搭配。这种配色的画面，通常是一种颜色占据主导地位，作为主导色；另一种颜色则作为辅助色存在。主导色决定了画面的整体风格和氛围，而辅助色则用于增加画面的层次感和丰富度。

通常情况下，双色配色的照片画面中，主导色往往占据不少于 60% 的比例，而辅助色则不宜超过 40%，这样比较容易协调两种色彩之间的主次关系，画面整体才会协调起来。

三色配色的画面控制

实际上，如果在双色配色的画面中加入另外一种占比更小的色彩作为点缀色进行点缀，就可以构建三色配色的画面。那么画面会同时存在主导色、辅助色和点缀色 3 种颜色。

一些题材对于主导色、辅助色和点缀色的比例要求更为严格。比如在人像摄影中，主色调的比例一般在 70% 左右，辅助色的比例在 25% 左右，点缀色的比例在 5% 左右，符合这种配比的画面色调给人的感觉会更好一些。

光源色作为主色调

在对照片进行后期调色时，如何确定主色调是最重要的一个环节，会直接决定照片的成败。实际上照片主色调的确定并非全靠个人感觉，而是有一定规律可循的。

在面临不同场景、不同情况时，要根据现场的实际情况合理地选择主色调，才能让画面有更好的色彩表现力。如果主色调的选择出现问题，那么画面给人的观感一定不会好。

对于主色调的确定，大多数有光的场景，可以用光源色作为主色调。

在案例照片中，以光源的色彩橙色作为主色调，画面整体给人的感觉比较自然、协调。地景中出现了大量的五彩色，丰富了画面的层次。

环境色作为主色调

在日常拍摄时，还可以用环境色作为主色调。在光源色彩倾向不是特别明显时，可以考虑用环境自身的色彩作为主色调，同样给人自然的感受。

很多情况下，环境本身是有色彩倾向的，比如在一栋水泥房子或正在建设的楼房内拍摄，此时的环境色就是水泥的那种深灰色，是一种偏冷的中性色，以这种偏冷的水泥色作为主色调，画面给人的感觉会比较好。

案例照片中，夜晚灯光偏暗的阴影环境下，色温比较高，以偏冷的蓝色环境色作为主色调，同样得到了很好的效果。当然，一定要纳入中间一些暖色的灯光来平衡画面色彩，如果高光的灯光处也变为冷色调，那么画面就会偏色。

固有色作为主色调

再来看确定主色调的另外一种情况，即以固有色作为主色调。所谓固有色，是指所拍摄对象本身所具有的颜色。如果环境中没有明显的带有色彩倾向的光源，环境色彩又不明显，那么就适合以拍摄对象自身的色彩作为主色调，即以固有色作为主色调。

在拍摄一些人物肖像时，以固有色作为主色调更有利于表现出人物准确的色彩。

光色混合问题的处理

在实际的拍摄中，可能会遇见这样一类问题，光源有一定的色彩倾向，与所拍摄主体自身的固有色相混合，会产生光色混合的问题。

如果是一般的风光题材，光色混合并没有太大影响，反而可能会让画面产生一些独有的魅力。但在人像摄影题材中，如果出现光色混合的问题，会导致人物的皮肤等出现严重偏色。

在人像摄影中，如果出现光色混合的问题，就需要后期对人物的肤色进行调整，尽量消除光源色的影响，让人物呈现出固有色。

当然，这种后期的调整也有一定的限度。因为人物的肤色仍然会受到环境色的影响，如果将人物的肤色调整到特别准确的程度上，彻底消除了光源色，就会出现色彩不协调、不一致的问题，画面整体的效果就不会自然。

来看案例照片，太阳的颜色是橙黄色的，与人物的皮肤产生了光色混合的问题。在后期处理时进行过影调调整后，人物肤色得到了一定的优化，但仍然不够好。

再继续对人物肤色进行调整，尽量但是不要 100% 消除光源色，才能得到更好的效果。如果光源色被彻底消除，那么人物的肤色会显得与整个环境格格不入。

高光色调要暖

　　摄影的后期创作很多时候是为了结合自然规律，真实还原所拍摄场景的一些状态。根据人们的认知，太阳光线或者一些明显的光源发射出的光线大部分是暖色调的，尤其是太阳光线。可能大家会觉得太阳光线在中午是白色的，但其实它是有一些偏黄、偏暖的。那么在摄影作品中，如果对受光线照射的高光部分进行适当的暖调强化，是符合自然规律的。相反，如果将照片中受光线照射的高光部分向偏冷的方向调整，则是违反自然规律的，画面往往会给人非常别扭、不真实、不自然的感觉。

　　来看案例照片，拍摄的是长城的晚霞，晚霞照射出的光线表现在照片画面中就应该是暖调的，那么在后期处理时应该对这种暖调进行强化，这样照片看起来会更加真实、自然。

暗部色调要冷

　　与高光暖相对的另外一个常识就是暗部冷。人们都有过这样的经历，在夏天感觉到炎热时，找一个树荫，立刻会觉得凉爽，这是因为受光线照射的区域是一种暖调的氛围，而背光的区域则是一种阴冷、凉爽的氛围，那么表现在画面中也是如此。高光部分可以调为暖调，暗部则可以调为冷调，这样就符合自然的规律与人眼的视觉规律，表现在画面中就会让画面显得非常自然。

　　其实还可以从另外一个角度来进行解释。通常情况下，根据色温变化的规律，红色色温往往偏低，而蓝色色温偏高，那么受太阳光线照射的区域处于较低色温的暖调区域，而背光的阴影区域，色温值往往会高达6500 以上，因此它呈现出的是一种冷调的氛围。

　　来看案例照片，受太阳光线照射的部分是一种暖色调，将背光的一些区域调为冷色调，那么画面整体给人的感觉会更自然。

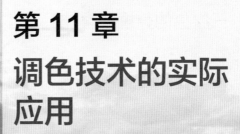

第 11 章
调色技术的实际
应用

影响照片色彩表现力的因素非常多，在后期软件 Photoshop 中可以进行调色的工具也有许多种，但对于摄影后期来说，只需要掌握其中功能最强大、最实用的一部分即可。本章将结合色彩基本原理，详细讲解这些工具的原理和使用方法。

三原色的分解及叠加

　　自然界中的可见光可以通过三棱镜直接分解成红、橙、黄、绿、青、蓝、紫 7 种光。如果对已经被分解出的 7 种光再次逐一进行分解，可以发现红、绿和蓝色光线无法被分解；而其他 4 种光线橙、黄、青、紫又可以被再次分解，最终也分解为了红、绿和蓝这 3 种光。换句话说，虽然太阳光线是由 7 色光组成的，但本质的形态却只有红、绿和蓝 3 种光，所有色彩都是由其中的红、绿和蓝混合叠加而成的。

　　也就是说，自然界中只有红、绿、蓝 3 种原始的光线，其他光线可以使用红、绿、蓝 3 种光线混合产生，有的需要等比例混合，有的需要不等比例混合，有的还需要多次混合。因此，红、绿、蓝 3 种颜色也被称为三原色。

　　自然界中，人们看到的色彩，除七色光谱所呈现的颜色，常见的还有其他色相的颜色，也都是由三原色进行混合叠加而产生的。

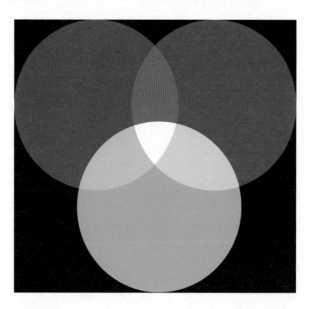

为什么互补色相加得白色

在色环上，一条直径两端的色彩互为补色。有关互补色的知识，除之前所介绍的互补配色的画面有较强视觉冲击力之外，读者还应该知道，互为补色的两种色彩相加会得到白色。这是非常重要的一条规律，Photoshop 大部分的调色功能都是以此为基本原理来设计的。

例如，红色与青色为互补色，两者相加得白色。为什么互补色相加会得到白色呢？从三原色图上就可以明白互补色相加得白色的原因：青色是由蓝色与绿色相加得到的，红色与青色相加，实际上就是红色、蓝色和绿色 3 种原色相加，自然会得到白色。

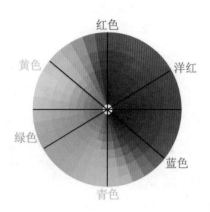

互补色在数码后期调色中的应用逻辑

如果景物偏某种色彩，那么可以认为是受这种色彩的光线照射所导致的。如果要让景物显示出正常的色彩，只要让景物受白色光线（也可以认为是无色的光线）照射就可以了。那么对于摄影后期的调色，就可以对偏色的照片添加所偏色彩的互补色，调出白色光线照射的效果就可以了。当然，也可以减少所偏的色彩，这也相当于增加所偏色彩的互补色，让色彩趋向于受白色光线照射，趋于正常。

案例照片中，上图受黄色光线照射，所以偏黄色；下图受白色光线照射，所以色彩正常。要想让上图色彩不偏黄，一种方案是在画面中加入黄色的补色——蓝色，让原图的黄色与加入的蓝色混合得到白色，也就是白光照射效果；另一种方案是减少黄色。

色彩平衡的原理及使用方法

在 Photoshop 中打开一张照片，创建一个色彩平衡调整图层。在打开的色彩平衡面板中，有黄色与红色、洋红与绿色、黄色与蓝色 3 组色彩，色条右侧是三原色，左侧是它们的补色。

具体调色时，先在"色调"后的下拉列表中选择"高光""中间调"或"阴影"，限定调整的区域，然后拖动滑块调色。对于本案例，可以看到地景的蓝色是比较重的，而地景又处于暗部，所以要先选择"阴影"，即确保对暗部调色，然后降低蓝色的比例，让暗部变得偏青，因此再增加红色（相当于减少青色）的比例，使画面的暗部色调区域正常。

曲线调色：综合性能强大的工具

下面来看一种非常重要的调色技巧——曲线调色。

创建一个曲线调整图层，在打开的曲线面板中，打开 RGB 下拉列表，在其中有红、绿、蓝 3 种原色的自然曲线，调色时可以根据实际情况进行调整。

如果照片偏红，可以直接在红色曲线上单击创建锚点，向下拖动锚点，就可以减少红色；如果照片偏黄，由于没有黄色曲线，就应该考虑黄色的补色——蓝色，只要选择蓝色曲线，增加蓝色，就相当于减少了黄色，这样就可以实现调整的目的。曲线调色的原理实际上也是互补色调色原理。Photoshop 中的色彩平衡、曲线，甚至色阶调整等功能都可以进行简单调色，且调色的原理都是互补色原理。

可选颜色：相对与绝对的含义

在"可选颜色"对话框中，有"相对"和"绝对"两个参数。所谓"绝对"，就是针对某种色彩的最高饱和度值来说的；所谓"相对"，就是针对具体照片中的这个实际值来说的。同样调整 10% 的色彩比例，设定为"绝对"时，调整的效果是非常明显的，因为是总量的 10%；而设定为"相对"时，效果就要柔和很多。

为了便于大家理解，下面举例来说。假设青色的最高饱和度值为100，但在实际的一张照片中，青色的饱和度是要低一些的，假设为 60。用"可选颜色"对照片的青色系进行调整，降低 50% 的青色，设定为"相对"的话，那么是针对该照片 60 的青色饱和度来说的，调整后的照片青色饱和度就变为了 30；设定为"绝对"的话，那么是针对青色最高100 的饱和度来说的，调整后的照片青色饱和度就只剩下 10 了。也就是说，只要设定为"绝对"，调色的效果要明显很多。

可选颜色的原理及使用方法

可选颜色调整是针对照片中某些色系进行精确的调整。举一个例子来说，如果照片偏蓝色，利用可选颜色工具可以选择照片中的蓝色系像素进行调整，并且还可以增加或消除混入蓝色系的其他杂色。

打开要处理的照片，在"图像"菜单中选择"调整"命令，在打开的子菜单中选择"可选颜色"命令，弹出"可选颜色"对话框。对于"可选颜色"功能的使用，虽然看似不易理解，但实际上却非常简单。在对话框中间上方的"颜色"下拉列表中，有红色、黄色、绿色、青色、蓝色、洋红等色彩通道，另外还有白色、中性色和黑色这几种特殊的"色调"通道。要调整哪种颜色，先在这个"颜色"下拉列表中选择对应的色彩通道，然后再对照片中对应的色彩通道进行调整就可以了。

本例中，照片稍稍有些偏青，因此选择"青色"通道，降低青色的比例，相当于增加了红色，画面色彩会趋于正常。适当降低黑色的比例，画面中的暗部会被提亮，反差缩小，影调变得更柔和。

互补色在ACR中的应用

互补色的调色原理在 ACR 中也是适用的，但是它在 ACR 中的功能分布比较特殊，主要集成在色温调整及校准的颜色调整中。

在 ACR 中打开案例照片，先切换到"对比视图"，再切换到"校准"面板。

需要注意的是，"校准"面板中的原色调整，除了简单调色外，还有一个非常大的作用——统一画面的色调。对天空中偏紫的蓝色进行调整，让其向偏青蓝的方向偏移，这里调整的不仅是紫色，实际上整个冷色调都会向偏青蓝的方向偏移，可以快速统一冷色调，让它们更加相近。对于地景，让其向偏黄的方向偏移，可以让整个暖色调更加统一，天空中的路灯、地面上橙色和黄色的像素，都会向偏黄的方向偏移，这种原色的调整可以快速让冷色调和暖色调向一个方向偏移，从而实现快速统一画面色调的目的。所以，原色调整在当前的摄影后期中非常流行，很多"网红"色调就是通过原色调整来实现的。

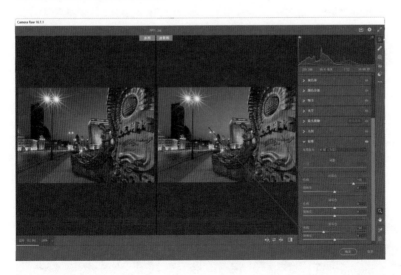

通道混合器的原理及使用方法

　　下面介绍一种比较难理解的色彩渲染技巧——通道混合器。从界面布局来看，通道混合器与之前介绍的可选颜色等有些相似，但实际上它们的原理却相差很大。

　　首先打开原始照片，然后创建通道混合器调整图层。在通道混合器调整图层中可以看到红、绿、蓝三原色，以及它们的色条。

　　对于这张照片来说，我们想要让照片变暖一些，形成冷暖对比。在上方的输出通道中选择"红"通道。一般来说，在摄影后期中，"输入"是指照片的原始效果，"输出"是指照片调整之后的效果。

　　因为我们要让照片变得偏暖、偏红一些，所以要让输出效果变暖。选择"红"通道之后，在下方就可以调整红、绿、蓝 3 个滑块。在进行这种调整时要注意，不要考虑互补色原理。无论提高"绿色"还是"蓝色"滑块的值，照片都会变红。之所以出现这种情况，是因为向右拖动"绿色"滑块会增加原照片绿色系中的红色成分，也就是为绿色景物渲染红色；向右拖动"蓝色"滑块，那么相当于为照片中的蓝色系添加红色，所以，最终效果都是变红的。向右拖动"红色"滑块则更是如此，相当于为照片中的红色像素再次添加红色，照片会变得更红、更暖。这是通道混合器的原理，借助通道混合器，可以快速地为照片渲染某一种色彩。

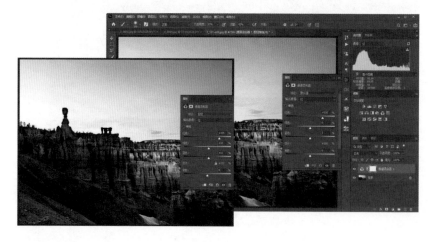

利用三原色认识通道混合器工具

经过之前的学习，可能很多读者仍然不是太清楚通道混合器工具的调色原理和逻辑。

下面通过一张简单的图片再次进行介绍。

在 Photoshop 中打开三原色图。创建通道混合器调整图层，在打开的"通道混合器"调整面板中向右拖动"绿色"滑块，此时可以看到三原色图中的绿色变为了黄色，而其他色彩没有发生任何变化。增加绿色的比例，绿色会变为黄色，为什么呢？这是因为在绿色中增加的其实是上方限定的输出通道——红色——的比例，只要限定了某种输出通道，调整下方的任何色彩，改变的都是该色彩中输出通道限定的色彩比例。因此向右拖动"绿色"滑块，就相当于为绿色系中增加红色，绿加红最终得到了黄色。

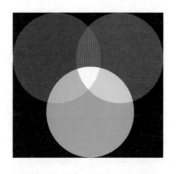

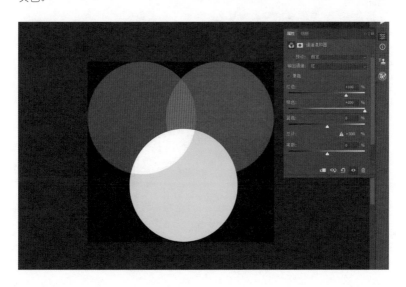

照片滤镜的原理及使用方法

下面再来看另外一种调色功能——照片滤镜。照片滤镜主要是指在 Photoshop 中通过添加色温滤镜，让照片的色彩变冷或变暖。

观察案例照片，原有的色彩非常平淡，特别是大海部分有些发黄、不够干净。这时可以创建一个照片滤镜调整图层，在打开的面板中单击上方的滤镜下拉按钮，在打开的下拉列表中可以看到第 1 ～ 3 种对应的是暖色调，第 4 ～ 6 种对应的是冷色调。默认添加了暖色调，可以发现照片画面色彩变得更暖一些。

对于案例照片来说，应该为海面添加冷色滤镜，让海面色彩变冷。如果感觉滤镜效果太强烈，可以降低"密度"的值，让滤镜效果变得更加自然一些。

一般来说，添加滤镜之后，画面整体的色调会变冷或变暖，产生一些偏色问题，这与颜色分级是不同的，颜色分级是分别对高光、暗部等区域渲染不同的色彩，而照片滤镜则是为照片整体渲染某一种色调，容易出现偏色问题，所以要选择画笔工具，将前景色设为黑色，在不想调色的位置进行涂抹，涂抹时稍稍降低不透明度及流量等参数，在不想变为冷色调的位置涂抹，还原原有的色彩，那么照片就不会偏色。

认识3D LUT

下面再来介绍 3D LUT 调色功能的使用方法。

3D LUT 最初来源于电影调色领域，用于对视频整体进行调色，比较常见的调色效果是压低高光，提亮阴影，避免出现高光和暗部的细节损失，并且让画面整体有一种胶片的质感。

下面通过一张照片的具体调整过程来介绍 3D LUT 功能的使用方法。

在 Photoshop 中打开要调整的照片，创建颜色查找调整图层，在展开的颜色查找调整面板中，在中间位置可以看到"3D LUT 文件"后有一个下拉列表，可在其中选择不同的 3D LUT 效果。

在其中选择一种调色效果，可以看到调色之前与调色之后的画面差别。调色之前画面整体对比度比较高，画面的色彩还是比较真实的；调色之后画面被渲染上了一种电影色调，暗部被提亮，画面整体色调显得更统一、更干净，有一种胶片的色调效果。

如何使用第三方的3D LUT效果

Photoshop 内置的 3D LUT 效果比较有限，有时可能需要一些比较好的第三方的 3D LUT 效果，那么就需要从网上下载，再载入到要进行调色的照片上。

具体使用时，创建颜色查找调整图层，在打开的颜色查找调整面板中，展开"3D LUT 文件"下拉列表，选择"载入 3D LUT"，在弹出的"载入"对话框中选择所下载的第三方 3D LUT 效果，然后将其载入，就可以为照片渲染第三方 3D LUT 效果。

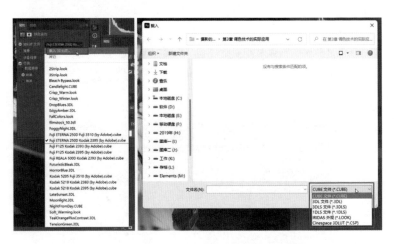

白平衡与色温：白色的作用

如果相机的设定有问题，那可能会造成色彩的严重失真。这种情况大多数是由相机白平衡设定错误引起的，对白平衡的调整，是数码后期非常重要且优先处理的一个环节。接下来将从最浅显的原理开始介绍白平衡及色温的概念，最终再介绍白平衡调整的原理及操作技巧。

先来看一个实例，将同样颜色的蓝色圆分别放入黄色和青色的背景中，然后来看蓝色圆给人的印象，会感觉到不同背景中的蓝色圆色彩是有差别的，而其实却是完全相同的色彩。为什么会这样呢？这是因为人们在看这两个蓝色圆时，分别以黄色和青色的背景作为参照，所以感觉会发生偏差。

通常情况下，人们需要以白色为参照物才能准确辨别颜色。红、绿、蓝 3 种颜色混合会产生白色，这些色彩就是以白色（或无彩色，如白、灰和黑）为参照才会让人们分辨出其准确的颜色。所谓白平衡，就是指以白色为参照来准确分辨或还原各种色彩的过程。如果在白平衡调整过程中没有找准白色，那么还原的其他色彩也就会出现偏差。

换句话说，无论人眼看物或是相机拍照，都要以白色为参照才能准确还原色彩，否则就会出现人眼无法分辨色彩或照片偏色的问题。

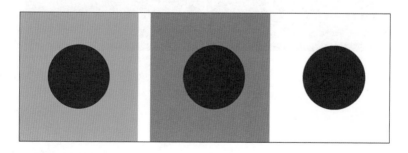

预设白平衡功能的原理

在不同的环境中，作为色彩还原标准的白色也是不同的，例如，在夜晚室内的荧光灯下，真实的白色要偏蓝一些，而在日落时分的室外，白色是偏红黄一些的。如果在日落时分以标准白色或冷蓝的白色作为参照来还原色彩，拍出的照片全有色彩问题，而应该使用偏红黄一些的白色作为标准。

相机与人眼视物一样，在不同的光线环境中拍摄，也需要有白色作为参照才能在拍摄的照片中准确还原色彩。为了方便用户使用，相机厂商分别将标准的白色放在不同的光线环境中，并记录下这些不同环境中的白色，内置到相机中，作为不同的白平衡标准（模式）。这样，用户在不同的环境中拍摄时，只要根据当时的拍摄环境，设定对应的白平衡模式（即选择该环境中的白色标准），即可拍摄出色彩准确的照片。这便是预设白平衡模式，常见的有日光、阴影、阴天、荧光灯、钨丝灯等不同模式。

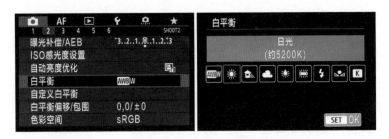

自定（手动预设）白平衡

实际上，相机厂商只能在白平衡模式中集成几种比较典型光线下的白色，无法记录所有场景，在没有对应白平衡模式的场景中，难道就无法拍摄到色彩准确的照片了吗？相机厂商采用了另外 3 种方式来解决这个问题。

第一种是自动白平衡。相机通过建立复杂的模型和计算，自行判断当前环境的白色标准，从而还原出准确的色彩。

第二种是色温调整。色彩是用温度来衡量的，也就是色温。不同色彩的光线对应着不同的色温，又对应着一定的白色，可以说色温与该场景的白色是对应关系。举一个例子，室内白炽灯的色温为 2800K 左右，烛光的色温为 1800K 左右，两者均匀混合照明的色温即为 2300K 左右，只要在相机中手动设定这个色温，那么相机就可以根据这个色温确定好白平衡标准，从而还原色彩。

第三种是自定义白平衡。面临光线复杂的环境时，摄影师可能无法判断当前环境的真实色温，此时可以找一个白卡或灰卡放到拍摄环境中，用相机拍下白卡，这样就得到了该环境的白色标准。有关于自定义白平衡的操作，可参见相应机型的说明书。

后期软件中的白平衡调整

在 ACR 的"编辑"界面中,单击切换到"颜色"面板。在该面板中可以看到多个参数,其中第一项是"白平衡"。

在"白平衡"参数的右侧有一个吸管,也就是白平衡工具。单击该吸管,此时鼠标指针会变成吸管形状。在使用这个工具之前,需要先理解白平衡的原理。对于一张照片来说,白平衡调整是指要找到照片中的白色位置,然后以此为基准来还原和校准照片的色彩。

在当前照片中,山上的雪是明显的白色,在看起来比较白的位置单击,可以看到画面的色彩得到了相对准确的校正(即软件会将用户单击的位置作为白色参考来还原整体的色彩)。如果觉得当前的色彩已经最准确了,就说明已经完成了很好的校正。但是如果仍然感觉画面存在一些问题,则可以通过调节"色温"和"色调"这两个参数,继续校准画面的色彩。

饱和度，控制照片色彩浓郁度

关于色彩的基础调整，下面再来看另外两个参数，即"自然饱和度"和"饱和度"。首先介绍"饱和度"的概念。"饱和度"改变的是画面中颜色的纯度，这个概念可能有些抽象，用更通俗的话来描述就是"饱和度"可以调整画面中物体色彩的鲜艳程度。

将"饱和度"的值调到最高，可以看到画面中所有的色彩变得非常浓烈，即色彩感非常强烈。当然，不能让画面保持这样的调整，而是要将"饱和度"的值降低到一个相对合理的水平。所以，在实际的修片过程中，往往要适当对饱和度进行调整。如果感觉画面色彩偏弱，就要稍稍提高"饱和度"的值；如果感觉画面色彩过艳，就需要降低"饱和度"的值。

自然饱和度，控制照片色彩鲜艳度

接下来讲解"自然饱和度"参数。与"饱和度"参数不同，"自然饱和度"在调整画面色彩感时对蓝色和绿色特别敏感。如果大幅度提高"自然饱和度"的值，最受影响的就是照片中的蓝色和绿色。将"自然饱和度"的值调至最高时，可以明显看到画面中的蓝色和一些绿色发生了显著变化，而其他颜色的变化则不那么明显。

这样的变化产生的原因是，"自然饱和度"参数主要针对风光题材，所以有些软件中也将自然饱和度称为"鲜艳度"。在这种类型的照片中，通常蓝天白云和绿色植物等颜色占据了很大比例，因此通过调节"自然饱和度"，可以对风光题材的画面进行非常好的优化。对于大多数风光照片来说，如果希望软件自动优化画面的色彩，通常会先提高"自然饱和度"，然后适当地调整"饱和度"的值，最终使画面的色彩整体看起来更加理想。

色相/饱和度的基本用法

对于一张照片来说，如果饱和度过高，画面会显得比较艳丽，能够抓住人的眼球。但是过高的饱和度会导致画面损失层次细节，并且给人发腻的感觉，需要降低饱和度。饱和度过低的画面则缺乏色感，表现力欠佳，要通过后期处理提高饱和度。对于饱和度不合理的照片，可以借助色相 / 饱和度调整图层来增加或降低饱和度，方法非常简单，直接提高或降低全图的饱和度就可以了。

观察案例照片，画面整体的饱和度是偏高的。因此，创建色相 / 饱和度调整图层，降低全图的饱和度。降低"饱和度"的值之后，再观察作为主体的荷花，会发现荷花的细节变得更丰富，质感也更强烈了。

色相/饱和度的高级用法

下面仍然结合之前讲过的这个案例来讲解"色相 / 饱和度"功能的高级用法。照片降低全图饱和度之后，画面整体的色感是比较理想的，但还有一些局部问题。比如，背景中有一片黄绿色饱和度依然过高。"色相 / 饱和度"面板中间有一个下拉列表，展开之后可以选择不同的色彩来定位到这一片色彩，选择之后就可以有针对性地降低这片色彩的饱和度。

但本例中的这片色彩并不是纯粹的绿色或是黄色，这种黄绿色是无法通过选择常规的色彩选项来降低饱和度的。针对这种情况，可以单击"色相 / 饱和度"面板左上角的抓手工具（目标选择与调整工具）。将鼠标移动到要调色的位置，单击即可准确选中这种黄绿色，从而更准确地调整相应色系的饱和度。

使用抓手工具，单击选中色彩之后，可以看到在"色相 / 饱和度"面板下方有两个色条。上方的色条对应的是调色之前的画面，下方的色条对应的是调色之后的效果。两个色条中间的 4 个滑块分出了 3 段区域，中间区域就是用户所选择的色彩，而两侧是用户所选择的色彩向周边色彩过渡的区域。降低所选择色彩的饱和度之后，可以看到上方的色调依然是原始照片的色彩，下方的色调饱和度降低。

提示：实际上还有一种更直接的方式，即将全图饱和度降低之后，再次创建一个色相 / 饱和度调整图层，再次全图降低饱和度，然后反相蒙版，隐藏调整效果，之后再使用白色画笔将要降低饱和度的局部区域涂抹回来就可以了。

匹配颜色的原理及使用方法

下面介绍一种大家比较陌生，但却非常好用的色彩渲染技巧——匹配颜色。顾名思义，它是指用一张（较好）照片的影调及色调去匹配我们的照片，最终让要处理的照片模拟出好照片的色调与影调。

注意，Photoshop 中显示了打开的底图，以及在"匹配颜色"对话框右下角显示的缩略图。需要做的是让底图模拟"匹配颜色"对话框右下角显示的缩略图的色彩。具体操作时，在 Photoshop 中打开这两张照片，先切换到蓝调素材照片，然后打开"图像"菜单，选择"调整"中的"匹配颜色"命令，弹出"匹配颜色"对话框，在下方的"源"下拉列表中选择想要匹配的照片的文件名（即暖色调的照片），单击"确定"按钮，就为蓝调照片匹配上了目标照片的这种色调及影调效果。

这种匹配的效果非常强烈，可以通过调整明亮度、颜色强度、渐隐参数值，让匹配效果更自然一些。

什么照片适合转黑白

在摄影诞生后的近 100 年里，黑白摄影是主流，历史上曾经诞生过许多伟大的黑白摄影作品。时至今日，彩色摄影已成为主流，但仍然有许多资深摄影师喜欢用黑白的画面来呈现摄影作品，黑白并不会妨碍摄影作品的艺术价值。

即便是彩色摄影时代，黑白仍然是一种重要的摄影风格，就如同传统水墨画没有色彩一样。归纳一下，在面临下面几种情况时，可以考虑将照片转为黑白效果。

（1）当摄影者要表现的画面重点不需要色彩来渲染，或者说色彩对主题的表现起不到正面促进作用时，就可以选择黑白来表现。这样做可以弱化色彩带来的干扰，让观者更多关注照片内容或故事情节；这样做的另外一个好处是可以增强照片的视觉冲击力。

（2）有时拍摄的照片，色彩非常杂乱，这显然与"色不过三"的摄影理念相悖，这种情况下将照片转为黑白，可以弱化颜色所带来的杂乱和无序，让画面看起来整洁、干净。无论风光还是人像，都有很多时候需要滤去杂乱的色彩，将照片转为黑白。这是一种不得不做的黑白转化，是让照片变为摄影作品的必要步骤。

（3）许多本身已经很成功的摄影作品，通过合理的手段转换为黑白效果后，能够呈现出一种与众不同的风格，令人耳目一新。

正确制作黑白效果

对于彩色照片转黑白，许多初学者的认识可能有误，很多时候他们只是简单地将照片色彩的饱和度去掉，同时也去掉了不同色彩的明度信息，最终导致转为黑白的照片的层次感变得很差。

正确的做法应该是在将彩色照片转黑白时，根据画面明暗影调的需求，针对不同色彩做出有效设定，让明暗更符合照片表达主题的要求。举例来说，将带有蓝色天空的照片转黑白，可以在扔掉蓝色饱和度的同时，降低蓝色的明度，这样蓝色天空等景物就会变得更暗，更利于突出地面的主体。

打开照片后，创建黑白调整图层，展开"预设"下拉列表，然后根据原照片中不同景物的色彩分布情况来调整当前黑白调整面板中各种不同色彩的滑块，最终得到的黑白照片的影调层次就会更好一些。

第 12 章

Photoshop AI
后期修片

Photoshop 从 2021 版本开始，增加了非常多的人工智能（AI）修图功能，借助这些功能，用户可以非常准确、快速、高效地进行修片，并且能够得到很好的效果。

本章将讲解 Photoshop 和 ACR 中各种 AI 修图功能的原理及使用技巧。

AI一键为天空建立选区

人们拍摄的各类照片中，很多都有天空。后续可能需要对天空进行明暗的调整与替换，这时就需要对天空进行抠图。而对于天空与地景结合边缘的抠取，往往是比较有难度的。为此，Photoshop 新增了快速建立选区的 AI 功能，用户通过一条命令就可以实现一键抠取天空的操作，并且抠取的效果非常准确。

下面来看具体操作，在 Photoshop 中打开照片之后，打开"选择"菜单，选择"天空"命令，这样可以一键将天空选择出来。放大之后，可能会发现有些边缘不是那么准确，这个没有关系，这样是为了确保天空与地景有更好的过渡。

AI一键更换天空

依托于一键为天空建立选区这个功能，Photoshop 还增加了一个快速更换天空的"天空替换"功能，可以快速为照片更换一个更好看、更有表现力的天空。

可以看到打开的照片中有一片干净的蓝天。单击打开"编辑"菜单，选择"天空替换"命令。在打开的"天空替换"面板中可以选择不同的天空。选好之后，可以发现原照片被替换上了一个带彩虹的天空，整体效果是比较协调的。

需要注意的是，更换天空时，不能为了追求天空的精彩程度，而让画面整体显得不够自然和协调。

AI一键为人物抠图

借助 Photoshop 的 AI 功能，还可以一键抠取人物。在人像抠图时，人物的发丝边缘是最难抠取的。如果手动进行抠图，可能一张照片需要花费半个小时以上的时间，并且边缘可能还不够自然。借助 Photoshop 的 AI 功能，也可以一键抠取人物，并且抠取的效果非常理想和完美。

案例照片中，人像的头发与背景的融合度是比较高的，色彩也相似，手动抠图比较有难度。单击打开"选择"菜单，选择"主体"命令，Photoshop 会自动识别人物，并为人物建立选区。按"Ctrl+J"组合键，将人物提取出来，关闭"背景"图层前的小眼睛图标，隐藏"背景"图层，可以看到抠取的人物是非常理想的。特别是发丝边缘，还有一个半透明的过渡。如果没有这个过渡，人物的头发丝边缘将是非常生硬、不自然的。抠取人物后，就可以随时进行为人物换背景等后续操作。

"发现"，你不知道的AI面板

Photoshop 中有一个发现功能，它无法通过具体的按钮来进入，需要按"Ctrl+F"组合键调出这个面板。在"发现"面板中，可以看到有很多的功能介绍，以及具体的修片功能。在这个面板中选择"快速操作"选项，进入"快速操作"界面，在其中可以看到"移除背景""模糊背景""选择主体"等非常多的 AI 功能，可以单击不同的链接，从而实现快速修图。

这里需要注意的是，选择下方的类似于"为老相片上色"等功能，会调出 Photoshop 内置的"Neural Filters"（神经元）滤镜面板，在其中进行全方位的修图。有关"Neural Filters"的使用技巧，后续会进行详细介绍。

皮肤平滑度，用AI对人物磨皮

人像摄影后期修图，往往要借助非常复杂的 Photoshop 操作或第三方滤镜对人物进行磨皮。而借助 Photoshop 新增的 "Neural Filters"（神经元）滤镜，可以对人物进行非常快速的磨皮。下面讲解使用 "Neural Filters" 的 "皮肤平滑度" 功能对人物进行磨皮的操作方法。打开人像照片之后，打开 "滤镜" 菜单，选择 "Neural Filters" 命令，进入 "Neural Filters" 界面。在界面右侧的列表框中打开 "皮肤平滑度" 功能，可以看到软件会进行人工智能判断，直接对人物进行磨皮，效果还是不错的。如果感觉比较满意，直接单击 "确定" 按钮，返回 Photoshop 主界面进行精修，或者直接将照片进行保存就可以了。

智能肖像，用AI改变人物表情

借助"Neural Filters"的"智能肖像"功能，可以改变人物的表情、年龄、发量、眼睛的方向等内容，这也是非常智能的。打开一张人像照片，然后开启"智能肖像"功能，向右拖动"幸福"滑块，可以看到人物的嘴角微微上扬。如果感觉比较满意，将照片进行保存就可以了。

需要注意的是，"智能肖像"功能并不是特别容易控制，并且它更适合对正面拍摄的人物进行修饰，对一些侧面人像照片的修饰效果并不理想。

妆容迁移，用AI为人物化妆

下面来看"妆容迁移"功能的使用方法。打开照片，进入"Neural Filters"滤镜界面，开启"妆容迁移"功能，在右侧单击"选择图像"，在弹出的"打开"对话框中选择一张有浓妆的人物照片，然后单击"使用此图像"按钮，这样就为照片人物添加了浓妆人物的妆容类型，并且整体效果也比较自然。

注意，"妆容迁移"功能默认载入的是 PNG 格式照片，所以需要在"打开"对话框右下角选择"JPG"这种格式，也就是日常使用的照片格式，才能找到想要载入的照片。

风景混合器，用AI改变照片季节

　　借助"Neural Filters"滤镜的"风景混合器"功能，可以改变照片的季节和色彩风格，得到出人意料的效果。

　　下面来看具体的操作，打开一张风光照片，可以看出这是夏季拍摄的草原场景。在"Neural Filters"中开启"风景混合器"功能，在右侧的预设中选择一种雪山的风格，在下方的参数中向右拖动"冬季"滑块，即可营造出强烈的冬季冰雪效果。最后单击"确定"按钮，返回 Photoshop 主界面就可以了。

样式转换，用AI制作创意效果

　　"Neural Filters"滤镜中的"样式转换"功能，可以为照片换一种风格，如素描、水彩等。不同的风格设定可以让画面更具创意。需要注意的是，不同的样式风格可能需要单独下载。如果需要，用户自行下载就可以了。

　　打开这张人像照片，进入"Neural Filters"界面，开启"样式转换"功能，在右侧选择水彩画面效果，可以看到最终得到的画面效果还是比较理想的，最后单击"确定"按钮，完成操作即可。

色彩转移，用AI制作仿色效果

"Neural Filters"的"色彩转移"类似于 Photoshop 中"色彩匹配"功能，可为所打开的照片匹配另外一张照片的色彩风格，两者的原理是相同的，只是操作有别。

进入"Neural Filters"界面后，开启"色彩转移"功能，在右侧选择一种色彩风格，在下方将色彩空间设为"RGB"，然后调整"饱和度""色相"及"亮度"等参数的值，让调整效果变得更自然一些。调整完毕之后，单击"确定"按钮即可。

着色，老照片AI上色

在 Photoshop 的 AI 功能出现之前，要实现黑白照片的上色效果，需要手动操作，比较有难度且不容易控制。但是借助"Neural Filters"中的"着色"功能，可以一键为黑白照片上色，还能得到比较理想的效果。当然，上色的画面中可能有一些区域不太自然，在上色完毕之后，可以再回到 Photoshop 中，对局部进行调色就可以了。

打开一张黑白照片，进入"Neural Filters"，开启"着色"功能，直接单击"确定"按钮，即可完成老照片的上色。进入 Photoshop 之后，可以再对照片进行局部调色，从而得到更好的效果。关于调色的相关知识，之前已经详细介绍过，这里不再过多赘述。

超级缩放，完美的AI插值放大

"Neural Filters"中的"超级缩放"功能主要用于对照片进行尺寸的放大，并且在放大之后确保不会损失太多画质，依然能够保持真实、自然的细节。

下面来看具体操作。打开的照片尺寸为 1024×1024 像素，在 Neural Filters 中开启"超级缩放"功能，在界面的右侧中间位置单击"放大"按钮，就可以放大照片。照片放大 3 倍之后，尺寸变为了 3072×3072 像素。观察右侧的预览图，可以看到画面的细节还是非常理想的，最后单击"确定"按钮即可。

深度模糊，全面控制画面的虚实效果

"Neural Filters"的"深度模糊"功能主要用于为照片建立更浅的景深，让背景更模糊。之前已经讲过，借助 Photoshop"选择"菜单中的"主体"命令，可将人物选择出来，之后选择反向，就可以选择背景，再对背景进行高速模糊等，也可以实现背景的深度模糊，但这样做相对复杂。借助"Neural Filters"中的"深度模糊"功能，可以一键为画面建立模糊效果。具体操作时，直接开启"深度模糊"功能，然后调整模糊强度就可以了。调整完毕之后，单击"确定"按钮，完成操作。

移除JPEG伪影，让照片画质更完美

　　"Neural Filters"中的"移除 JPEG 伪影"功能主要用于修复一些画质不够好的 JPEG 格式照片，让照片的画质变得更加平滑、细腻。但是这个功能在修复照片画质时，有可能会导致画面的锐度降低。

　　具体使用时，打开照片，进入"Neural Filters"界面，开启"移除 JPEG 伪影"功能，然后单击"确定"按钮即可。

照片恢复，修复老照片

借助"Neural Filters"中的"照片恢复"功能，可以修复一些老照片中的噪点、划痕、污点等，从而让照片色彩更鲜艳，画质更细腻。原照片的锐度如果比较差，通过该功能是无法修复的。案例呈现的是 1990 年拍摄的一张照片，使用"照片恢复"功能处理之后，画面整体效果是不错的，只是锐度没有办法追回。最后，单击"确定"按钮即可。

减少杂色，强大的AI降噪功能

随着技术的不断进步，当前新版本的 ACR 增加了大量的 AI 功能，"减少杂色"就是其中之一。

在 ACR 中打开高感光度的照片，切换到"细节"面板即可看到"减少杂色"功能，使用这个功能可对画面进行 AI 降噪。具体操作是，使用 AI 减少杂色，并将结果保存为新的 DNG 格式。这意味着对 RAW 格式的照片进行 AI 降噪后，会生成一个新的降噪后的 DNG 格式文件。

具体使用时，直接单击"减少杂色"按钮即可，此时会进入"增强"对话框，在左侧的窗口中可以看到降噪之后的画面，效果非常好，既消除了所有噪点，还保持了画面的锐度，效果远好于手动降噪的效果。在预览窗口上单击，可以查看处理之前的画面。

通常情况下，无须调整对话框中的参数，只需注意下方显示的估计时间为 3 分钟。然而，这个估计时间并非固定，而是取决于所使用的计算机的性能。预览完成后，直接单击"增强"按钮即可。

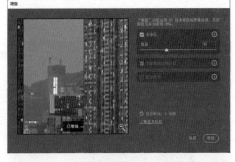

如果计算机上同时运行了许多软件并占用了大量内存，那么减少杂色的过程可能会变慢。因此，在进行照片的 AI 降噪时，建议关闭其他不相关的软件，以提高降噪速度。

AI虚化背景，突出主体人物

下面介绍如何使用 ACR 的"镜头模糊"面板来调整画面的景深，以实现虚实效果。这样可以使主体对象更加突出，背景更加虚化，适用于人像、花卉等照片画面的优化。需要注意的是，镜头模糊是 ACR16.0 新增的一种 AI 后期处理技巧，因此，此功能需要使用 ACR 16.0 及以上版本。

将照片导入 ACR，单击展开"镜头模糊"面板。在其中会看到一个提醒标识"抢先体验"，这表示该功能还处于不太成熟的阶段，但它仍然非常强大且易于使用。一旦勾选"应用"复选框，软件将自动检测照片中的主体对象和虚化区域，并对虚化部分进行进一步的虚化增强。通过计算，可以看到背景的虚化得到了进一步增强，主体更加突出。在人像摄影中，如果无法获得理想的背景虚化效果，可以通过这个功能来增强背景的虚化程度。

增加"模糊量"的数值，背景的模糊程度会增加，反之则会降低。可以看到，借助 AI 功能制作虚化效果非常简单，并且效果非常自然。

AI光斑，模拟不同镜头的散景效果

为照片设定浅景深效果后，可以调整其他参数，优化效果。

散景是指背景虚化中的一些亮光斑点，可以选择让其呈现出圆形、气泡状、5 片式、环状或猫眼的形状。但实际上，在背景中，这些不同形状的散景并不是特别明显，选择环状效果，可以看到背景中出现了迷人的圆环，这时能够模仿折返式镜头拍摄的照片焦外效果。

此外，还可以在下方拖动"放大"滑块，改变散景光斑的大小。

AI焦距范围，调整照片模糊的位置

制作好浅景深的模糊效果后，在下方的参数中还可以通过调整"焦距范围"来控制照片中清晰和虚化的位置。

对于案例照片，可以适当缩小焦距范围的大小，让聚焦区域更小，并左右拖动聚焦位置，这样就可以确保人物是清晰的，而前景和背景处于焦外的模糊区域。

可以看到通过调整，使人物前面的部分，也就是前景区域也出现了一定的模糊效果，最终突出了主体人物。

AI失败的原因及解决方案

使用 ACR 或 Photoshop 的 AI 功能，有 3 个必要条件：其一，软件版本支持 AI 功能，旧版本是没有 AI 功能的；其二，需要联网，脱机的计算机也无法使用大部分 AI 功能；其三，计算机的性能足够好，最好是有独立显卡。

对于第三点来说，如果计算机性能不够好，在使用 AI 功能时可能会出错，比如会弹出一个提示框："发生意外错误，无法完成您的请求"。这表示，由于计算机的内存不足或硬件性能不足，而导致发生了错误。当出现这种情况时，可以先关闭 Photoshop 软件，再关闭其他正在运行的软件，释放一些内存。之后，单独将照片载入 Photoshop，再使用 AI 功能即可。

ACR的AI人像精修技巧（1）

在 ACR 中，可以借助"蒙版"中的"人物"功能对人像照片进行 AI 精修，下面通过具体的案例来进行讲解。

首先，为人物部分创建不同的蒙版。在 ACR 中打开照片后，单击"蒙版"按钮，进入"蒙版"界面。此时，ACR 会自动识别人物，可以看到软件已经识别出了当前的人物。单击下方的"人物 1"图标，也就是识别出的人物。此时会进入"人物蒙版选项"界面，其中有多个复选框。一般情况下，很少选择"整个人物"，而是要分别选择下方的"面部皮肤""身体皮肤""眉毛""头发""衣服"等选项，对各个不同的部位分别进行处理。

本案例中，勾选"面部皮肤"和"身体皮肤"两个复选框，然后勾选下方的"创建 2 个单独蒙版"复选框。如果不创建两个单独蒙版，那么面部皮肤和身体皮肤会在同一个蒙版下，它们会有相同的参数，这显然是不合理的。因为对于人物面部和其他位置的磨皮幅度肯定会有差别，所以要创建两个单独蒙版。然后单击"创建"按钮，这样就可以进入具体的磨皮操作环节。

ACR的AI人像精修技巧（2）

　　将照片切换到对比视图。此时可以看到，之前创建的两个单独蒙版分别为身体皮肤和面部皮肤。具体操作时，可以单击选中不同的皮肤部分进行调整。对于面部的磨皮来说，要稍稍提高"曝光"值，降低"对比度"的值，让人物面部的皮肤更柔和；之后在下方的"效果"参数组中降低"纹理"和"清晰度"的值。经过这种调整后，人物的面部皮肤会变得更加光滑、干净。

　　对于人物的颈部，需要调整的幅度要更大一些。具体调整时，在上方选中"身体皮肤"蒙版，然后调整参数即可，这里不再过多赘述。

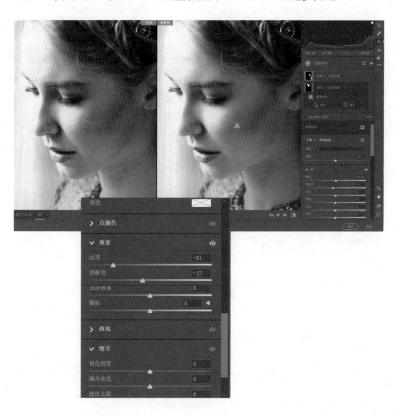

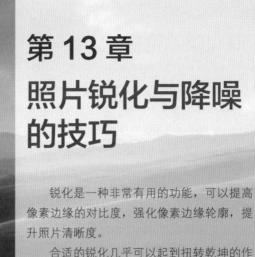

第 13 章

照片锐化与降噪的技巧

锐化是一种非常有用的功能，可以提高像素边缘的对比度，强化像素边缘轮廓，提升照片清晰度。

合适的锐化几乎可以起到扭转乾坤的作用，让一般镜头拍摄的照片呈现出堪比"牛头"拍出的高质量画质。

认识USM锐化功能

　　USM 锐化是传统摄影中应用非常广泛的一种锐化方式，它非常简单直观，然而随着当前数码技术的不断发展，这种锐化的使用频率越来越低。但是，在 USM 锐化及其他不同的锐化功能中，有一些基本的参数，通过学习这些参数的使用方法和原理，可以帮助读者打好摄影后期的基础，为掌握其他工具做好准备。

　　在 Photoshop 中，要对照片进行锐化，可打开"滤镜"菜单，选择"锐化"中的"USM 锐化"命令，弹出"USM 锐化"对话框。

　　在对话框中提高"数量"值，有一个局部放大的区域显示出了锐化的效果。如果要对比锐化之前的效果，将鼠标移动到这个预览窗口中并单击，就会显示锐化前后的效果。通过对比锐化前后的效果，可以发现USM 锐化的效果还是比较明显的，画面边缘的锐度更高。

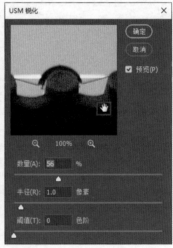

半径的原理和用途

在"USM 锐化"对话框中，将"半径"值提到最高，会发现仿佛提高了清晰度，照片的景物边缘出现了明显的亮边，而照片中原有的亮部变得更亮，高光溢出，原有的暗部变得更黑，暗部溢出。也就是说，提高"半径"值可以提高锐化的程度，它与"数量"值所起的作用有些相近。半径的单位是像素，其数值是指像素距离，如果只有 1 像素，就是指检索某一个像素与它周边相距一个像素的点，只增强这两个像素之间的明暗与色彩差别，如果设定"半径"值为 50，那么半径为 50 个像素之内的所有像素之间的明暗差别和色彩差别都会得到提升，因此锐化的效果会非常强烈。

一般情况下，"半径"值不宜超过 2 或 3，只检索 2 ～ 3 个像素范围之内的区域就可以了。

阈值的原理和用途

"阈值"这个参数比较抽象，它的单位是"色阶"，"色阶"的本意就是明暗，单位也是明暗。阈值的范围是 0 ~ 255，0 是纯黑，255 是纯白，一共有 256 级亮度。阈值在锐化中的作用是：如果两个像素之间的明暗相差为 1，但是设定阈值为 2，那么这两个像素就不进行锐化，不强化它们之间的明暗和色彩差别。也就是说，阈值是一个门槛，只有明暗差别超过了这个阈值，才会对两个像素之间进行强化，强化它们之间的色彩和明暗差别。所以，如果阈值设定得非常大，比如 255，则全图几乎不进行任何锐化处理。

在摄影后期中，半径和阈值是两个非常重要的概念。

智能锐化功能的使用方法

　　仅从锐化的功能性上来看，智能锐化比 USM 锐化要强大很多。打开照片，选择"滤镜"菜单中的"锐化"命令，在子菜单中选择"智能锐化"命令，弹出"智能锐化"对话框。与"USM 锐化"对话框相比，"智能锐化"对话框主要功能中的"数量"和"半径"两个参数基本一样，区别在于该对话框的中间部位去掉了"阈值"选项，增加了一个"减少杂色"参数，这个功能主要起到降噪作用。对照片进行锐化时，也会导致噪点变得更明显，在智能锐化时可以通过提高"减少杂色"的值来阻挡噪点的产生。

利用Dfine滤镜实现高级降噪

接下来介绍通过一种第三方软件进行照片降噪的技巧，主要是借助 Nik 滤镜中的 Dfine 2 这款降噪滤镜对画面进行降噪。

打开照片，打开"滤镜"菜单，选择"Nik Collection"—"Dfine 2"命令。

照片会被载入 Dfine 2 降噪界面。软件将检测噪点并分析照片，对画面整体进行降噪。这种方法非常简单直观，不需要进行任何设定，只要进入界面，然后单击"确定"按钮，返回到 Photoshop 主界面就可以了。

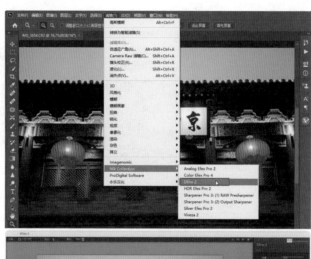

Lab色彩模式下的明度锐化

接下来介绍一种比较高级的锐化方式。之前介绍的所有锐化，强化的都是像素之间的明暗与色彩差别，以及对照片和像素的影调进行锐化，同时也对色彩进行了锐化。其实对明暗进行锐化效果会比较直观，但如果对色彩信息进行锐化，就会破坏原有的一些色彩，导致画面显得不是那么漂亮。所以，就有这样一种锐化模式，将照片转为 Lab 色彩模式，只对照片的明暗信息进行锐化，而不对色彩信息进行锐化，下面就来看具体的操作过程。

将当前的照片转为 Lab 色彩模式。切换到"通道"面板，可以看到其中有 4 个通道："Lab"复合通道就是彩色通道；"明度"通道对应的是照片的明暗信息，与色彩信息无关；"a"通道对应两种色彩的明暗；"b"通道对应另外两种色彩的明暗，这里选中"明度"通道，打开"滤镜"菜单，选择"锐化"—"USM 锐化"命令，弹出"USM 锐化"对话框，在其中对这张照片的明暗信息进行锐化，这样就不会对色彩产生影响了。

锐化"明度"通道后，在"通道"面板中选择"Lab"复合通道，这样照片就会返回到彩色状态。

回到 Photoshop 后，再将照片转为 RGB 颜色模式即可。

高反差锐化，非常流行的锐化技巧

接下来介绍另外一种效果非常强烈的锐化——高反差锐化，它对于建筑类题材的锐化是非常有效的，能够强化建筑边缘的线条，让画面显得非常有质感。

首先打开照片，按"Ctrl+J"组合键，复制一个图层。

打开"滤镜"菜单，选择"其它"—"高反差保留"命令，这个操作的目的是将照片中的高反差保留下来，非高反差区域则排除掉。

一般来说，景物边缘的线条与其他区域肯定是会有较大的差别，这就是高反差区域，这些区域就会保留下来，锐化的也正是这些区域。在"高反差保留"对话框中调整"半径"值，半径是一个非常重要的参数，一般设定为 1 ～ 2 像素时，边缘的查找效果比较好。然后，单击"确定"按钮，这样就将照片中的一些边缘查找了出来。

此时的照片是一个灰度状态，只有检测出来的一些线条，并且对这些线条进行了强化，这时只要将上方灰度图层混合模式修改为"叠加"，就相当于将强化的线条叠加到了原图上，就完成了高反差锐化的处理。

局部锐化与降噪的技巧

对于大片的平面区域来说，是没有必要进行锐化的，因为对平面区域进行锐化不但破坏了它的平滑画质，还会产生了噪点。对案例照片进行高反差锐化之后，前景中的树木、天空等各区域都进行了一定的锐化，这是没有必要的。因此，按住键盘上的"Alt"键，单击"创建图层蒙版"按钮，为上方的高反差保留图层创建一个黑蒙版，黑蒙版是黑色遮挡，它会把当前图层完全遮挡，最终显示的照片效果是没有进行锐化的。

在工具栏中选择"画笔工具"，设定前景色为白色，稍稍降低不透明度到 80% 左右，在建筑和月亮部分进行涂抹，显示出这两个部分的锐化效果，但是前景中的树木依然保持被遮挡的状态。最终得到只锐化了建筑和月亮的画面效果。

提示： 对画面的降噪也可以这样处理。大多数情况下，拍摄场景中比较明亮的部分是没有太多噪点的，比如受光源照射的部分，所以不需要进行降噪，但是背光的阴影部分提亮之后会产生大量噪点，因此这些部分要进行大幅度降噪。降噪之后就可以通过蒙版限定，只对暗部进行降噪，对于亮部则不进行降噪，让画面整体得到一个更好的画质效果，这是局部锐化和降噪的技巧。

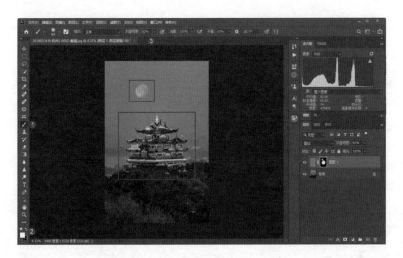

第 14 章

二次构图：场景切割、修复与重塑

二次构图是摄影创作中非常重要的一个环节。所谓二次构图，是指在后期处理时对照片进行裁剪，从而实现构图的优化，提高影像的质量。

不同比例的设计与裁剪

进行二次构图时，可以先设定裁剪的比例。在工具栏选择"裁剪工具"后，在 Photoshop 软件界面左上角可以设置不同的选项，确保最终以特定的比例对画面进行裁剪，实现二次构图。

大部分裁剪比例值非常明确，直接使用即可。如果选择"原始比例"，那么裁剪的比例会与原始照片一致，如果原照是 3:2，那么裁剪后的画幅比例也是 3:2，如果原照 4:3，那么裁剪后照片的比例也是 4:3，以此类推。

某些特殊情况下，可能需要将照片裁定为一些特殊比例，如 3:1 比例的网站导航图、9:5 比例的公众号封面图、人物证件照等。例如，要将一张照片裁剪后用作公众号的封面图片，就需要将照片裁剪为 9:5 的比例，而预设的列表中没有这个比例值，随意拖动裁剪框更是不准确。这时可以在下拉列表中选择最上方的"比例"选项，然后在右侧的两个文本框中分别输入 9 和 5 就可以了。

提示：

①如果要进行随意裁剪，可以单击选项栏中的"清除"按钮，清除掉之前的设定。

②如果要变换比例，单击比例值中间的双向箭头即可，如将 3:2 的比例改为 2:3。

学会设定参考线，让构图更精准

前面介绍了裁剪二次构图的思路和技巧，但更多凭借的是创作者眼睛的观察和自我感觉，并不是特别精准。例如，要将一张照片裁剪为标准的黄金构图，将主体置于黄金构图点上。那么黄金构图点在哪里呢？恐怕只能估计大概位置，并不那么准确。

Photoshop 提供了摄影师常用的裁剪辅助线，可以帮助用户实现精准的二次构图。这些辅助线标出了黄金构图点的位置、黄金螺旋的中心位置、三分法构图的参考线等。这样用户在裁剪时，就可以依照参考线，将主体精确地放在对应的位置，或者按照裁剪参考线对画面进行二次构图。无论是哪种情况，借助裁剪参考线，都可以让二次构图更准确。

校正水平，让照片变协调

　　如果照片水平出现倾斜，画面会给人失衡的感觉，给人一种不认真、不严谨的心理暗示。一般来说，无论是自然风光、城市风光还是人像题材，如果没有特殊情况，水平线一定要保持水平，画面整体会给人比较规整的感觉。

　　这张照片虽然露出的天际线比较少，但是如果仔细观察，它是有一定倾斜的，画面给人的感觉不是特别舒服，也不是很均衡，后续可以进行一定的校正。得到更规整、更协调的画面。

原图

效果图

裁掉多余的留白区域，突出主体

　　假如站在茫茫大草原上，要拍摄远处的一头牛，如果相机的镜头焦距不够长，那么最终拍摄的照片中想要表现的这头牛肯定是很小的，不够突出。还有一种可能，虽然镜头焦距已经很长了，已经到了 200mm 以上焦距，但由于摄影者距离那头牛实在太远了，也无法让这头牛在照片中占据很大比例。这样最终拍摄的照片中，作为主体的牛所占据的比例很小，其周边有大片单调的、不必要的留白区域，构图不够紧凑，画面看起来松松垮垮。

　　要解决这种无法靠近主体，照片中存在大片不必要的区域的问题，可以对照片进行裁剪，让画面紧凑起来，让主体变得突出。

　　案例照片中，跃起的人物过小，经过裁剪后让人物变大、变突出，这样画面中人物主体的构图比例就合理了。

原图

效果图

横竖的变化，改变照片风格

　　横构图是人们使用最多的一种构图形式，因为这种构图形式更符合人眼左右看事物的规律，并且能够在有限的照片画面中容纳更多的环境元素。一般情况下，横构图多用于拍摄宽阔的风光画面，如连绵的山川、平静的海面、人物之间的交流等，还比较善于表现运动中的景物。

　　竖构图也是一种常用的画幅形式，它有利于表现上下结构特征明显的景物，可以把画面中上下部分的内容联系起来，还可以将画面中的景物表现得高大、挺拔、庄严。

　　已经拍摄好的照片，在后期的二次构图中可以进行横竖再次选择。案例照片中，横画幅的照片充分兼顾了左右两侧古色古香的门洞，并让观者的视线最终延伸到前方的石砌大道及更远处，可以说本身是一幅成功的摄影作品。但如果从框景构图的角度来看，就不够理想了，作为框景的部分过于突出，弱化了框景构图那种身临其境的心理感受，因此可以尝试通过二次构图，将原图转变为一种竖画幅构图的形式来看。

画中画式的二次构图

　　面对优美的画面，可能在拍摄的刹那间并没有考虑好如何构图，或者精彩的画面转瞬即逝，没有留给你太多时间取景构图。此时，可以从后期二次构图的角度来指导前期快速拍摄。具体来说，就是在面临短时间无法实现完美拍摄的情况时，可以在确保照片整体清晰的前提下，包含进更多的场景元素，拍摄下更大视角的照片。

　　举一个简单的例子，面对景物非常杂乱的场景时，可以把整个场景都拍摄下来，然后在后期二次构图时进行裁剪取舍，去掉杂乱的干扰因素，让画面完美起来。并且这个二次构图的过程是可以多次尝试的，多尝试几种处理方式，总能找到自己最满意的。

　　案例中的这两种裁剪效果，可以看作是整个大照片画面的画中画。

裁掉干扰，让画面构图更协调

　　裁掉干扰是二次构图中的一种非常简单的操作，由于拍摄的照片受限于拍摄距离或焦段的影响，画面中无法避开一些干扰性元素，这种干扰性元素在照片中就会显得比较碍眼。最简单的方法就是直接裁掉这些干扰元素，让画面整体变得协调起来。

　　案例照片的影调及色彩都非常理想，但画面中作为视觉中心的高楼有些偏左，另外，前景中的树木区域有些过大。在 Photoshop 中借助裁剪工具，裁掉右侧和下方多余的区域，画面的构图就会变得比较协调和自然。

修掉画面中的杂物，让画面更干净

画面中存在的污点或瑕疵会干扰主体的表现力，让画面显得脏乱。如果直接裁剪，可能会破坏画面构图的方式，导致画面失衡。这时可以借助污点修复画笔工具等修补工具，将这些杂物给修掉，最终让画面变得更加干净。

同样是这张照片，如果仔细观察可以发现，前景的公园中有很多照明灯及信号塔，它会让画面的前景显得非常不干净，有些杂乱，也不可能借助裁剪工具裁掉如此大的区域。

针对这种情况，可以在工具栏中选择"污点修复画笔工具"，缩小画笔的直径，具体方法是在上方的选项栏中调整画笔的直径大小，也可以在英文输入法状态下按"["或"]"键改变画笔直径的大小，用鼠标在瑕疵处进行涂抹，松开鼠标之后就可以修复这些瑕疵，画面前景就会干净很多。

污点修复的原理其实非常简单，它是用涂抹区域之外的周边一些没有瑕疵的正常像素来模拟和填充涂抹的区域，遮挡住有污点瑕疵的区域，最终得到比较干净的画面效果。

封闭变开放构图，增强冲击力

　　拍摄一些花朵时，花朵本身虽然比较漂亮，但由于没有强化出花朵、花蕊或花瓣的质感，整体上导致画面变得比较平坦。针对这种情况，可以采用大幅度裁剪的方式，裁掉大部分的花朵及四周的背景，只呈现花朵中最精彩的花蕊、花瓣部分，也就是将封闭式构图裁剪为开放式构图。

　　这种裁剪方式，一是可以强化画面核心部分的视觉冲击力，二是可以让观者的视线延伸到照片之外，留下想象的空间。

原图

效果图

用修复工具改变主体位置

　　下面介绍的二次构图的方法是用修复工具改变主体的位置。很多人没有接触过这种二次构图的方式，但实际上它是一种非常好用的方式。具体来说，当面临画面中的某些主体位置不够理想的场景，又没有办法在前期拍摄时改变主体的位置的情况下，可以在前期拍摄时尽量取景，然后在后期处理时利用软件改变主体的位置，从而改变画面景物之间的相互关系，最终实现想要的效果。

　　案例照片中，画面中有 3 条游船，无论如何调整都无法让 3 条游船有更好的位置关系，所以只能尽量通过取景改变这 3 条游船的位置，让它们之间的相互距离拉得均匀一些，但可想而知，效果仍然不够好，那么我们就可以在后期软件中通过"内容识别移动"工具，将左侧的游船继续向左、向下拖动，最终形成比较均匀的三角形构图，让三者的位置达到理想中的相互关系。

原图

效果图

构图不紧凑问题的处理

　　有时拍摄的照片会显得非常松散，所谓松散，是指周边无效区域特别多，主体对象不突出，并且主体与周边的一些空白区域联系不紧密，那么整体就显得松松垮垮，这是一种松散不紧凑的画面构图。而如果四周空白区域比例比较合理，既能够丰富画面的层次，又不会对主体的突出产生较大影响，那么画面整体就会显得紧凑，构图也比较合理。这种画面构图的紧凑与松散是摄影创作中的一大难点，初学者把握起来比较有难度，考验了自身的构图感。例如在构图时，要考虑背景的取景范围多大才能够有更好的视觉效果，让画面不会显得松散。只有经过长时间的锻炼拍摄，才能够有比较好的构图感。

原图

效果图

扩充构图范围，让构图更合理

　　很多时候可能因为前期拍摄时镜头焦距过长，而又没有办法退到一定的距离之外，最终导致拍摄的画面中主体景物过满。或者构图过紧，当然也可能是因为摄影者距离被拍摄对象过近，或构图失误所导致的。

　　案例照片中，画面的枯木范围面积有些大，构图显得过满，特别是枯木上方和下方所留的空间太小，画面给人的感觉不是很舒服。

　　这种情况下，我们就可以在 Photoshop 中使用"裁剪工具"扩充画布，然后结合"矩形选框工具"与"自由变换"命令来扩充构图，从而让画面效果更理想。从照片中可以看到，扩充构图之后，主体上方和下方的空间变大了，画面不再过满、过紧。

原图

效果图

通过变形完美处理机械暗角

通过变形可以完美地处理掉机械暗角，实际上也可认为是一种瑕疵的修复。但是这种瑕疵修复方式比较特殊，它是针对一种画面的暗角所进行的修复。

对于绝大部分照片来说，如果画面四周产生了暗角，在软件中对 RAW 格式文件进行镜头的校正就能够将其修复（特别是针对 RAW 格式进行处理的 Camera Raw 或 Lightroom）。但如果是因为遮光罩或镜头臂的遮挡导致画面四周出现了一些比较硬的暗角（也可以称之为机械暗角），那么这种机械暗角是无法通过镜头校正完成修复的。

案例照片是使用广角镜头拍摄的，由于镜头太广，镜头的遮光罩或滤镜边缘遮挡了画面左上方和右上方，导致画面出现了机械暗角，在后期软件中，根本无法通过镜头校正将其修复掉。这时就需要通过一些特定的方式将其修复，具体操作是先全选照片画面，接着在菜单栏选择"编辑"—"变换"—"变形"命令，然后用鼠标将暗角朝画面外拖动，将左上方和右上方的暗角不留痕迹地修复掉。

原图

效果图

用变形工具重新构图

借助变形工具可以大幅度地改变主体的位置，改变构图的形式，产生新的构图。

案例照片中，中国尊是最突出的视觉中心，但它没有位于画面中间，如果想让中国尊正好位于画面中心，但是又不想对画面进行过多裁剪，损失掉两边的建筑，可以通过局部变形工具来实现想要的效果。通过扩充部分区域和缩小部分区域，最终让中国尊发生位置的改变，使之移动到画面中间。经过调整后的照片虽然位置改变了，但是整体上给人的感觉是画面没有发生任何变化，仿佛是重新拍摄了一张照片一样。

原图

效果图

变形或液化调整局部元素，强化主体

前面已经介绍过了自由变换、变形等在二次构图中的使用方法和技巧，这些功能的使用是一种比较新的后期构图理念，也是近几年比较流行的方式，能够获得比较好的二次构图效果。除了上述几种方法以外，还可以通过变形或液化调整局部元素来强化主体，这种方式较多应用于处理变形的场景。

案例照片拍摄于意大利的多罗米蒂，画面中可以看到三峰山，但中间的山峰给人的感觉并不是特别高大、险峻。而通过调整之后的三峰山给人的感觉明显更加高大、险峻，也更加突出，这种处理方式就是借助变形工具实现的。

具体处理时：先用"快速选择工具"快速地将山峰及地景全部选择出来，然后按"Ctrl+J"组合键，将选区内的地景保存为一个单独的选区并提取出来。打开"编辑"菜单，选择"变换"—"变形"命令，对提取出来的地景进行变形操作，按住山峰的中间位置并向上拖动，即可将山体变高。当然，有些人会认为使用液化工具更好，但实际上不建议使用液化工具，因为液化工具会导致山体扭曲变形，反而不够自然。所以，变形工具往往是更理想的选择。

原图

效果图